写给青少年的
趣味百科全书

张 伟 吴玉凤 陈显清◎主编

市花集韵

顾问：陈胜坚　曾小鹏　邓曼莉

编委：（按姓氏笔画顺序）

马金香　邓丽云　王振会　王小艳　王　壮　叶自平　叶文达

叶海玉　闫明玉　刘晓彤　刘　莉　孙　鑫　张祺文　张惠彬

张梦迪　苏艳艳　沈嘉宁　朱国红　朱　环　李　俊　陈春婷

吴旭强　李启凤　李帮凤　李廷婷　李依真　吴兰蓝　何利才

肖艳芳　陈伟新　陈俊荣　陈法英　杨玉秋　余鸿翔　范荣波

郭晏男　罗秋兰　林海英　林晓云　洪　曦　施红卫　凌　娜

顾文娟　唐　叶　唐　茜　徐　琼　梁燕丹　梁芯茹　符玉珩

彭燕芳　曾雅婷　雷皎蓉　潘春林　潘　隽　薛　芸　魏　媛

重庆出版集团 重庆出版社

图书在版编目(CIP)数据

市花集韵 / 张伟, 吴玉凤, 陈显清主编. -- 重庆：
重庆出版社, 2023.4
（写给青少年的趣味百科全书）
ISBN 978-7-229-17378-4

Ⅰ.①市… Ⅱ.①张… ②吴… ③陈… Ⅲ.①花卉—
介绍—中国—青少年读物 Ⅳ.①S68-49

中国版本图书馆CIP数据核字(2022)第250998号

写给青少年的趣味百科全书　市花集韵
XIE GEI QING SHAO NIAN DE QU WEI BAI KE QUAN SHU SHI HUA JI YUN
张伟　吴玉凤　陈显清　主编

责任编辑：叶　子　黄陈诚
装帧设计：金年华研发设计中心

重庆出版集团
重庆出版社 出版

重庆市南岸区南滨路162号1幢　邮政编码：400016　http://www.cqph.com

济南齐美印刷有限公司

开本:720mm×1000mm　1/16　印张：9　字数：90千
2023年4月第1版　2023年4月第1次印刷
ISBN 978-7-229-17378-4
定价：36.80元

目 录

木棉花

你来猜一猜

明代诗人王邦畿（jī）有诗曰："奇花烂熳半天中，天上云霞相映红。"描写的就是木棉花。

我知道木棉花！它是"南国"城市一道亮丽的风景线，在南方的公园、大街小巷，随处可见。明末清初的诗人屈大均说过："广州城边木棉花，花开十丈如丹霞。"

对！木棉花是英雄树上开的花，它又叫攀枝花、琼枝、烽火花、红木棉。很多城市将木棉花作为市花，它蓬勃向上、生机勃勃，并激励人们报效祖国。

英雄树上开的花，我真喜欢它！那么大家都来猜一猜吧，它是哪几座城市的市花呢？

赏读木棉花

木棉又名红棉、斑芝树、英雄树、攀枝花，是落叶大乔木。木棉树高可达 25 米。木棉花通常为红色，有时橙红色。花瓣肉质，倒卵状长圆形。

黄炜玲画

每当春季来临，一朵朵木棉花在树枝上绽放，有的全开了，托起鲜红的花瓣，花瓣一片一片地围在一起，包裹着嫩黄的花蕊，像一个个红红的大喇叭挂满树枝，红硕绚丽；有的花瓣才开了两三片，正露出鲜嫩的小脸颊试探着春天的冷暖；还有的仍是花骨朵儿，像一个个褐色的巧克力豆。绣眼鸟飞到一朵朵花上，放声歌唱，亲吻着花朵，好像在激动地说："木棉花开了，春天来了！"

孩子们都喜欢围着木棉树做游戏，讲"吉贝"的故事，或者听木棉花落地时的声音。木棉花的花朵离开树干时，既不褪色，也不萎靡，一路盘旋而下，触地时"啪"的一声，很有英雄离世的气势，震撼人心。

木棉花开得红艳但不媚俗，花瓣红得犹如英雄的鲜血染红的。因此，木棉花有着高尚的象征意义，它象征着英雄。木棉花也成了广东省广州市、四川省攀枝花市、广西壮族自治区崇左市等城市的市花。

（朱依凡供稿）

指导老师：李启凤

快来动手制作一张关于木棉花的记录卡，并用"五觉"观察法、体验法填写吧！

 传统文化

【经典诗词】

却是南中春色别，满城都是木棉花。

——［宋］杨万里《二月一日雨寒五首（其四）》

几树半天红似染，居人云是木棉花。

——［宋］刘克庄《潮惠道中》

花时定有红鹦鹉，天半飞来啄彩霞。

——［清］杭世骏《咏木棉花（其四）》

【美丽传说】

老英雄吉贝的故事

传说五指山有位黎族老英雄名叫吉贝。吉贝身披铠甲，战无不胜，以至于坏人见了他都抱头鼠窜。一次战争中，因叛徒向敌人泄露了吉贝的进攻路线，敌人设下埋伏，抓住了吉贝。敌人将吉贝绑在树上严刑拷打，但老英雄威武不屈，结果被敌人残忍杀害。吉贝牺牲后化作了一株株挺拔的木棉树。木棉树特别奇特，它高大直立，树干上长满刺瘤，不准闲杂人等攀爬，树枝平伸，花朵如鲜血般红，具有不屈的骨气，所以，人们都叫它"英雄树"。

【宝贵价值】

木棉树全身是宝，除了观赏价值高，它的花、皮、根均有药用价值。据《中药大辞典》介绍，木棉花的功用是清热、凉血、解毒等。

【品读佳作】

木棉花

邹燕丹

三月春风迎木棉，骄阳相映红似血。

几经风霜亦傲立，犹有战士英雄魂。

指导老师：魏媛

"英雄树" 木棉

叶耀新

"青山看不厌，流水趣何长。"笔架山绿树成荫，风光秀丽，可在我心中，最美的是笔架山脚下的我的学校——深圳市福田区华新小学。校园四季如春，各种各样的花争奇斗艳，这朵花刚谢了，那朵花又开了。我和同学们常常在花海中徜徉，嬉戏……

还记得在一年级的时候，有一天下课了，我和小伙伴跑去操场玩，因为跑得急，我不小心碰到了一棵树。"哎哟！"我的胳膊被扎了一下。这棵树的身上长满了"疙瘩"，硬邦邦的，还有着圆锥形的粗刺，我不由得抱怨起来："什么树呀，长得不好看，还扎人！"

"这是英雄树。"不知什么时候，张校长来到了我的身边。

"英雄树？"我惊讶地问，"它为什么叫英雄树啊？"

"那要从一个故事说起：传说五指山有一位黎族老英雄

名叫吉贝……"校长缓缓地说着，并和我一起观察木棉树，"你看它高大直立，树干上长满刺瘤，不准闲杂人等攀爬，树枝平伸，花朵如鲜血般红，像是向天空宣告不屈的骨气，所以，有'英雄树'的美称。"

我注视着差不多有三层楼高的木棉树，树干上一个个圆锥形的粗刺变得亲切起来，我和小伙伴好奇地、轻轻地抚摸着，仿佛能感受到老英雄吉贝坚贞不屈的骨气。它站得笔直笔直的，花朵像烈火在熊熊燃烧，又像是一束束红色的霞光，照亮我们前行的路。

有一朵花随风飘落了下来，我赶紧捡起来仔细端详着。它的花朵呈喇叭状，椭圆形的五片花瓣紧紧相依，花蕊很密，这是老英雄吉贝在告诉我们一定要团结一心吗？

校长说："木棉树的花和根都是很好的中药材，有清热利湿、凉血解毒的功效。木棉花陈皮粥特别好喝。"

我和小伙伴纷纷捡起一朵朵火红的木棉花，嚷着要回家送给妈妈煲汤喝。

"浓须大面好英雄，壮气高冠何落落。"记得有一年台风"山竹"来临，校园里很多树都被吹倒或吹歪了，而木棉树还矗立在原地。它像战士一样一直坚守着自己的岗位，守护着校园，守护着我们的"乐园"。

指导老师：邓丽云

【我写木棉花】

请用简短的语段，写一写你心中的木棉花吧。

桂花

小朋友们，请大家在音乐伴奏中唱一唱《八月桂花遍地开》这首歌："八月桂花遍地开，鲜红的旗帜竖呀竖起来，张灯又结彩呀，张灯又结彩呀，光辉灿烂闪出新世界……"

桂花很香，但是小小的并不起眼。为什么大家那么喜欢它呢？

我知道。桂花虽然小，但是作用大。它不仅可以用来酿酒，还可以用来做美味的糕点。桂花的花语：一是丰收、收获；二是吉祥、美好；三是事业有成。这里面寄托了大家多少美好的愿望啊！

桂花自古以来就深受人们喜爱。桂花树也因此得到广泛的种植，全国各地多有栽培。桂花的品种很多，主要有金桂、银桂、丹桂和四季桂四类。大家猜一猜，桂花是中国哪几座城市的市花呢？

赏读桂花

桂花树的树干挺拔，树枝向四面伸展，像一把张开的绿色大伞，又像一位威武的将军！我好奇地跑了过去，用手摸了摸树干，好粗糙啊，就像是耄耋老人的手！我发现桂花树的叶子近似对生，

刘雨晨画

而且颜色深浅不一，下面的叶子是深绿色的，中间的叶子是嫩绿色的，树冠上的叶子是嫩黄色的。桂花簇生在叶腋之间，每腋内有5~6朵花，每朵花有4片花瓣，花瓣中间是花蕊。我在地上拾起一朵桂花，放在手心观察，只见花瓣像四把小汤匙，四面张开。花瓣中间是一根根细丝似的花蕊。

我正在看桂花树，忽然一阵风吹来，树叶东摇西摆，"沙沙"作响，声音如同摇动的沙锤，非常好听。突然，又一个奇迹出现了，星星点点的桂花飘飘洒洒，如同下雨一样纷纷落地，也发出"沙沙"的声音，很快，地上像铺了一层金色的地毯。我兴高采烈地抓起桂花不断向天空中抛撒。这时，奶奶不声不响地走到我身边，看到我玩得特别开心的样子，不禁被逗笑了。奶奶告诉我："桂花树的花不仅可以用来欣赏，还是入药和食用的好材料呢。别只顾玩，快找个地儿坐下吧，奶奶给你拿咱自己家做的桂花糕吃，吃得你满口香气，好朋友就会更多了。"那天晚上，我们一家人坐在桂花树下，一边吃着香甜可口的桂花糕，一边听着吴刚被罚砍桂花树的故事。真是唇齿留香，美哉乐哉！

很多城市将桂花作为市花。人们用桂花来表达丰收的喜悦之情。桂花象征着吉祥。选桂花为市花的城市有浙江省杭州市、广西壮族自治区桂林市、安徽省合肥市、江苏省苏州市、四川省泸州市、河南省信阳市等。

（刘欣烨供稿）

指导老师：欧阳水珍

请动手制作一张关于桂花的记录卡，并用"五觉"观察法、体验法填写吧！

 传统文化

【经典诗词】

安知南山桂，绿叶垂芳根。清阴亦可托，何惜树君园。

——［唐］李白《咏桂》

昨夜西池凉露满，桂花吹断月中香。

——［唐］李商隐《昨夜》

山寺月中寻桂子，郡亭枕上看潮头。

——［唐］白居易《忆江南三首》

【美丽传说】

月落桂子的传说

宋朝年间的一个中秋之夜，月明星稀，杭州灵隐寺里的德明和尚正在厨房忙活，突然听见一阵阵滴滴答答的声音，他开门张望，只见豆大的颗粒像雨点一样从天上散落下来。

第二天，德明和尚把从地上捡起的颗粒拿给智一老和尚看，老和尚说"其大如豆，其圆如珠，很可能是月宫里的吴

刚砍桂花树使劲儿过大，一不小心把桂子震落下来。桂子降落人间，会给人间带来幸福和吉祥，快把桂子种到寺庙旁边的山顶去吧。

第二年的中秋节，山上的桂花树开花了。五颜六色，德明和尚把金黄的桂花叫作金桂，银白的桂花叫作银桂，赤色的桂花叫作丹桂……从这时候起，西湖四周就有各种各样的桂花了。

现在，灵隐寺旁边有一座山峰，叫作月桂峰，传说就是当年月宫中的桂子落下的地方。

【宝贵价值】

桂花酿酒，"香随绿酒入金杯"，味美可口。"桂花点茶，香生一室"，桂花也是茶类的优质原料。桂花味食品有桂花糕、桂花栗子羹、桂花汤圆、桂花月饼、桂花糖等。据《中药大辞典》介绍：桂花味甘，性温，入脾、肺、肾经。有温肺化饮、散寒止痛的功效，适用于寒痰咳嗽、脘腹冷痛、牙痛、口臭等。

读写桂花

【品读佳作】

丹桂飘香秋满园

李铭淇

桂花虽然不如梅花那样斗霜耐寒，也没有桃花那样娇柔迷人，但它那沁人心脾的香味会让你心旷神怡、神清气爽。

深圳的桂花开得晚。金秋十月，桂花飘香，笔架山下的华新小学弥漫着桂花的清香。特别引人注意的是整齐排列在升旗台旁的桂花树，树干挺拔笔直，犹如一排排精神抖擞的卫士，时时坚守着五星红旗；树叶深绿繁茂，经风一吹，发出"沙沙沙"的声音，犹如一条溪水在流淌。风过之后，我从地上拾起一朵桂花，放在手心观察，只见花瓣像四把小汤匙，四面张开。花瓣中间是一根根细丝似的花蕊。美丽的桂花成了校园里一道亮丽的风景线。

课下，我们最喜欢坐在桂花树下听吴老师讲故事。传说，从前有一个叫吴刚的人，因触犯了天规，天帝罚他去月宫砍一棵桂花树，只有砍倒这棵树，才能免受惩罚。白天，他挥舞大斧，使劲地砍树，好不容易把桂花树砍出了一道道口子，可是，到了晚上那棵桂花树又会恢复原来的模样。

为了纪念这位做事执着的人，人们把淡黄色、淡白色的桂花放在米浆里，再加上白糖，搅匀，然后将它蒸熟，切成块，做成一种又香又甜的桂花糕敬献给他，希望他永不疲惫，永不口渴。后来，在一年一度的重阳节时，人们就做桂花糕来让老人们享用。

今年的重阳节，我特意和妈妈一起制作桂花糕，送给爷爷。爷爷吃完桂花糕，笑眯眯地说："今天吃了仔仔送来的桂花糕，感觉清香、甜润。还有，吃了桂花糕，我的口腔里的异味消除了，口气更加清新啦！"说完，爷爷大笑了起来。这正是：丹桂飘香秋满园，家庭温馨乐翻天。

指导老师：吴玉凤

【我写桂花】

请用简短的语段，写一写你心中的桂花吧。

月季花

你来猜一猜

在"中国十大名花"中，有一种花被人们称为"花中皇后"。你们知道是什么花吗？

我知道，是月季花！在温度适宜的地方，它一年四季都能开花，平时多见的是红色或粉色，所以很多人称它"月月红"。

是啊，月季花的开花时间很长，喜爱它的人也很多。明代诗人刘绘是这样赞美月季花的："绿刺含烟郁，红苞逐月开。朝华抽曲沼，夕蕊压芳台。能斗霜前菊，还迎雪里梅。踏歌春岸上，几度醉金杯。"

这首诗把月季花描写得真美！我听说全国有53个城市将月季花选为市花呢。大家都来猜一猜，它是哪些城市的市花吧。

赏读月季花

月季花开得格外鲜艳，吸引了很多游人。

灌木丛中盛开着月季花，一朵、两朵、三朵……数不胜数。有红艳艳的，好像一团燃烧的火焰；有淡黄色的，饱满温润的花瓣就像晶莹剔透的黄

黄炜玲画

玉；有粉红色的、紫色的、橙色的，仿佛天边的彩霞。有的已经完全盛开，傲立在枝头，好像骄傲的公主；有的还是小小的花骨朵儿，含苞欲放，就像可爱的小嘴儿。

我忍不住凑近仔细看了看：花瓣一层层地围着花心，花心里有细细的花蕊，引来一只只蜜蜂嗡嗡嗡地哼唱，好像在为月季花的美丽欢歌。哦，我知道：大多数品种的月季花都有芳香的气味，所以可以从月季花里提取香精香料。

月季深受国人喜爱，在我国种植广泛，被评为"中国十大名花"之一。很多城市已经将月季花列为市花，如北京市、天津市、河南省郑州市、河北省石家庄市、河北省廊坊市、河北省沧州市、河南省焦作市、河南省商丘市、河南省平顶山市、江西省鹰潭市、江西省新余市、江苏省淮安市、江苏省常州市、安徽省阜阳市、安徽省淮北市、山东省莱州市、四川省德阳市等。

（刘明澈供稿）

指导老师：胡珊珊

月季花虽然很常见，但是也很容易与其他的花混淆。我们还是用"五觉"观察法来观察月季花吧！

传统文化

【经典诗词】

月季只应天上物，四时荣谢色常同。

———〔宋〕张耒《月季》

只道花无十日红，此花无日不春风。

———〔宋〕杨万里《腊前月季》

莫嫌绿刺伤人手，自有妍姿劝客杯。

———〔宋〕舒岳祥《和正仲月季花》

【美丽传说】

月季仙子

相传，王母娘娘过生日的时候，各路神仙都被邀请到天庭赴会，除了鲜桃之类的水果，宴会上当然少不了各种鲜花。

有一年王母娘娘过生日，月季仙子专门在人间挑选了色彩艳丽的各种月季花，装了满满一篮子。她返回天宫时，路过莱州云峰山，看到这里风景秀丽，便停下来观赏。

时间悄悄流逝，在山间流连忘返的月季仙子忽然想起拜寿的事儿，赶快回到自己放花篮的地方。谁知就这一会儿工夫，篮子里的月季花已经透过篮子生根发芽了。她想拔起月季花，却被花枝上的刺扎破了手。

给王母娘娘献寿礼的时候，月季仙子只好如实说了自己两手空空的原因。王母娘娘一听，非常生气，就下令把月季仙子贬到人间。

月季仙子被贬到人间后，想起莱州风景不错，于是来到莱州嫁给了一个花匠。夫妻俩精心培育的月季花品种繁多，很快就美名远扬。

【宝贵价值】

月季花不仅有观赏价值，还可以入药。据《中药大辞典》介绍，月季花味甘，性温，微苦，入肝经。有活血调经、解毒消肿的功用。可用于治疗月经不调、痛经、闭经、跌打损伤、淤血肿痛、烫伤等。

读写月季花

【品读佳作】

美丽的月季花

秦伍明洋

清明节的假期里，妈妈带我去园博园赏花。一进大门，五颜六色的花都在向我们打招呼，那美丽的花儿让人惊叹，那迷人的芳香也令人陶醉！各种各样的花都开了：有茶花、蝴蝶兰、紫藤花……令我印象最深刻的还是月季花。

月季花色彩繁多，红色的艳丽无比，黄色的高雅大方，粉色的柔美可爱，紫色的妖媚动人。五彩的花在春天的阳光下舒展着它们的身躯，绽放着它们的美丽。一阵清风吹来，

吴秋涵画

花丛中发出"沙沙沙"的声音，像是一支舞曲，月季花便开始翩翩起舞。清香随风飘逸，沁人心脾，引得蜜蜂和蝴蝶纷纷飞来为她伴舞。

我走近花丛，看到月季花墨绿色的叶子，叶脉清晰，摸上去很光滑，叶子的边缘像锯齿。花茎上长着尖刺，像一个个拿着尖刀保护家族成员的卫士！

我拾起一朵掉落在泥土里的花，捧在手心，仔细地观察：月季花一层一层地紧挨在一起。花瓣摸起来非常柔软，我都不忍心用力触碰，生怕花瓣掉下来。

妈妈告诉我："月季花不仅好看，还能入药呢！你尝尝看。"我惊奇地将一小片花瓣放入嘴里尝了尝，味道淡淡的，酸酸的，稍微带点苦涩。妈妈解释道："《本草纲目》里记载，月季花其性微苦，花能入药，活血调经，消肿解毒……"

我不禁发出感叹：这小小的月季花竟然还有那么多的药用功效！我爱这外表美丽又有内涵的月季花！

指导老师：胡珊珊

【我写月季花】

请用简短的语段，写一写你心中的月季花吧。

石榴花

你来猜一猜

石榴花自古以来就深受人们的喜爱和称赞。宋代诗人王安石有诗云："浓绿万枝红一点，动人春色不须多。"赞美的就是石榴花。

我知道石榴花在夏季开放，颜色是橙红色，花瓣多褶皱，有黄、白等色的变种。唐代诗人韩愈曾这样写道："五月榴花照眼明，枝间时见子初成。"

对，石榴花火红的颜色代表着热情似火、积极向上和奋发有为的精神。石榴花象征着日子红红火火和事业蒸蒸日上。很多城市都将石榴花作为市花。

多么了不起的石榴花，我真喜欢它！那么它是哪几座城市的市花呢？

赏读石榴花

石榴花颜色鲜艳，花期较长，其中重瓣、矮生和四季开花的类型是中国古典园林中常用的观赏花木和盆景材料。浆果具有革质外皮，球形而稍现六棱，顶端有宿存的钟状萼。

聂雨桐画

石榴花的上半截像个小喇叭，下半截像个圆溜溜的小球，整个样子像穿裙子的小孕妇似的。每朵花的大小、形状不一样，穿的衣服也不一样，由5～7片花瓣组成，花瓣摸上去绵绵软软的，有丝绸的质感，但不光滑，多有褶皱。开放的石榴花中间簇拥着一团密密的花蕊，每根红色的细丝顶端都戴着一个黄色的小帽子，非常好看。叶子个头正好，既不挡住花，又不使人觉得小。

选石榴花为市花的城市有陕西省西安市、安徽省合肥市、河南省新乡市、湖北省黄石市、湖北省十堰市、湖北省荆门市、山东省枣庄市、浙江省嘉兴市等。

（聂雨桐供稿）

快来动手制作一张关于石榴花的记录卡，并用"五觉"观察法、体验法填写吧！

 传统文化

【经典诗词】

一丛千朵压阑干，翦碎红绡却作团。

——［唐］白居易《题山石榴花》

却是石榴知立夏，年年此日一花开。

——［宋］杨万里《初夏即事十二解》

谁家巧妇残针线，一撮生红熨不开。

——［宋］王禹偁《咏石榴花》

只待绿荫芳树合，蕊珠如火一时开。

——［元］马祖常《赵中丞折枝石榴》

【美丽传说】

榴花舍己救村民

相传古时候，有一个村庄里的人们在端午节前不幸感染了瘟疫。

村庄里有一位姑娘叫榴花，她为了拯救感染了瘟疫的两个孩子，想了许多办法，经历了很多磨难，终于从一位老婆婆那里得到了治病的良方。但她不忍心看着村民们不明不白地死去，于是下定决心，不管受到什么惩罚，一定要救大家。榴花花了一夜时间，为村庄里每个人都准备了一朵滴了自己血的石榴花。

天亮后，她吩咐两个孩子把石榴花拿去分给大家佩戴。果然，人们戴上之后病全都好了，可榴花的两个孩子却因为没有石榴花戴死了。榴花也由于失血过多停止了呼吸。大家伤心极了，就把榴花和她的两个孩子葬在了村口。

过了一年，村民们惊奇地发现，榴花的坟头上竟然长出了一棵石榴树。端午节前后，石榴花开满枝头，红艳艳的，大家都说，这红色的石榴花是榴花用她的血染红的。从这以后，石榴花就都是红色的了。

此后，每年的端午节，村民们都要摘下一朵石榴花戴在头上，以此来纪念榴花和感谢她的救命之恩。

【宝贵价值】

石榴全身都是宝。据《中药大辞典》介绍，它的叶、花、果实、根均可入药。尤其是石榴花，不仅极具观赏价值，而且有药用价值。石榴花酸、涩而性平，具有凉血、止血的功用。

读写石榴花

【品读佳作】

开在心里的石榴花

陈子默

奶奶家门前有两棵石榴树，一左一右，就像哨兵一样。每到夏天，石榴花就在枝头上竞相开放，远远望去，石榴树就像一个巨大的火把，好看极了。

这时，我总喜欢到石榴树旁，观赏那开满枝头的石榴花。火红的石榴花在阳光的照耀下显得格外精神。小蜜蜂在石榴花间嬉戏，开心极了。我定睛一看，石榴花的花萼像被去了皮又切成六块的小西瓜；花瓣虽然皱巴巴的，但却像裙子上的小褶子；花蕊上像顶着一团团小小的爆米花，看起来非常诱人。空气中弥漫着一股淡淡的、甜丝丝的石榴花的香气，深吸一口气，真是舒服极了！几只蝴蝶呆在石榴花上一动不动，它们完全沉醉在石榴花的清香之中了。"啪嗒"，原来是一朵石榴花落到了地上。我走过去，将它捡起来，不由得用手抚摸着石榴花的花瓣，绵绵的，软软的，真漂亮。

石榴花不仅模样好，而且还能止血呢！记得有一次，我在门前骑着自行车"兜风"，突然失去平衡摔下了车，把手擦破了，血流不止。奶奶连忙摘下一朵石榴花，捣碎后将碎末敷在我手上流血的地方，敷了一会儿后，血就像听到了停止的命令一样，再也没流出来半滴。

看着我吃惊的样子，奶奶摸着我的头说："傻孩子，石榴花就有止血的功效，像外伤出血、流鼻血，它都能治。它还被人们称为'止血仙灵'呢！不仅如此，石榴花还可以治疗中耳炎，药用价值特别高。"

奶奶的话牢牢地印在了我的心里，那美丽的石榴花也开在了我的心田。

指导老师：吴旭强

【我写石榴花】

请用简短的语段，写一写你心中的石榴花吧。

丁香花

你来猜一猜

今天，我读了一首小诗：丁香花开在路旁，像我漂亮的姐姐，身穿好看的紫色花衣裳……

诗人把丁香花比作自己漂亮的姐姐，真的好形象啊！那么每天从丁香树下走过，一定都是美好的时光。

是啊，丁香花因花筒细长如钉且香气浓郁而得名，是著名的庭园花木。花色以紫色和白色居多。丁香花原产于中国华北地区，在中国已有1000多年的栽培历史，是中国的名贵花卉，现分布于从欧洲东南部到东亚的温带地区。

猜一猜，丁香花是中国哪些城市的市花呢？

赏读丁香花

丁香又名洋丁香，花序硕大，开花繁茂，花色淡雅，习性强健。

王墨霏画

或许，在很多人的眼中，丁香花没有牡丹花的雍容华贵，也没有百合花的清香高雅，更没有梅花的傲然挺立。但是在我看来，丁香花的淡雅足以让人感受到它的朴实无华。

当和煦的春风吹醒大地的时候，小鸟在枝头高歌，小草冒出嫩绿的芽，丁香花也张开了笑脸，好像在迎接春姑娘的到来。你可别小看这种花哦！丁香可分为观赏丁香和药用丁香：观赏丁香是木犀科的，药用丁香是桃金娘科的。消化功能不好的人群，平时可以通过喝丁香茶的方式来调理。

丁香花就像一个正在看书的小姑娘，头上别着不少心形的粉红色小叶片。它的花瓣很特别，通常有四瓣，还有五瓣、六瓣、九瓣的。

丁香花那淡淡的、沁人心脾的清香使人沉醉，让人忘记烦恼，令人心旷神怡。这不禁使我想起了元代王冕的诗句："不要人夸好颜色，只留清气满乾坤。"

我知道，以丁香花为市花的城市有黑龙江省哈尔滨市，青海省西宁市，内蒙古自治区呼和浩特市。

（张馨匀供稿）

指导老师：孙鑫

虽然丁香花很常见，但是为了更好地认识它，我们还是用"五觉"观察法走近丁香花吧！

传统文化

【经典诗词】

丁香体柔弱，乱结枝犹垫。

细叶带浮毛，疏花披素艳。

深栽小斋后，庶近幽人占。

晚堕兰麝中，休怀粉身念。

——［唐］杜甫《江头五咏·丁香》

江上悠悠人不问，十年云外醉中身。

殷勤解却丁香结，纵放繁枝散诞春。

——［唐］陆龟蒙《丁香》

【美丽传说】

丁香姑娘

关于丁香花，民间一直流传着这样一个动人的故事。

古时候，有一个年轻的书生赴京赶考，投宿一家客栈。客栈主人的女儿想考考书生的文采，提出要对对子。书生想了想说："冰冷酒，一点，二点，三点。"正当姑娘要开口的时候，姑娘的父亲走进来不问青红皂白，大骂自己的女儿败坏家风。姑娘性情刚烈，觉得十分屈辱，一头撞死在墙上。

父亲后悔不已，按照姑娘的遗愿把她葬在后山坡上。不久，姑娘的坟头开满了丁香花，芳香四溢。书生认为这些丁香花是姑娘的化身，每天都上山来看丁香花。一天，一个老

人路过，说："这是丁香姑娘回你的下联：丁香花，百头，千头，万头。"

后人为了纪念这个姑娘，此后便把丁香花视为纯洁之花，而且把这副对联叫作"生死对"，并一直流传至今。

【宝贵价值】

丁香花开后结的果为丁香。《中药大辞典》记载：丁香味辛，性温，归脾、胃、肾经。具有温中、降逆、暖肾的功用。主治胃寒呃逆、呕吐、泻痢、脘腹冷痛、疝气等疾病。

读写丁香花

【品读佳作】

我爱丁香花

曾炜婷

我并不是很熟悉丁香花，但听了妈妈的详细讲解和看到实景后，就不由自主地喜欢上了它。

丁香花又称"百结花"。此花未开放时，花蕾如同打结的形状，又因花开时形如长筒，花蕾尽藏其中，寓意心有千千结。所以古往今来有太多描写丁香花的诗词，其中非常有名的就是戴望舒诗的《雨巷》："我希望逢着/一个丁香一样的/结着愁怨的姑娘。"因此，只要提起丁香花，人们都会习惯性地将它和忧愁联系在一起。但你可知，丁香独特的气

王墨霏画

质和品德也在深深地吸引着我们。

丁香花开放之时，或紫或白，聚于枝头，它没有玫瑰的娇艳，也没有梅花的傲然，但它就那样静静地绽放，像一个内秀的女子，不张扬却散发出迷人的芬芳，犹如一股清流，带有愁绪却不乏柔情。它淡泊名利又柔中带刚，这不正是我们中华民族女性的写照吗？

丁香花的适应能力极强，即使在贫瘠的土壤中也可以正常生长开花，还有一定的耐寒能力，因此，它又具有顽强、不屈的精神。

丁香花的花朵小巧，所以在百花丛中并不引人注目，但这丝毫掩盖不了它素雅平淡的气质。一种花既能让人观赏，又能令人思绪万千，同时还可以让人感受到善良并保持对美好事物的向往，丁香花当之无愧！

指导老师：孙鑫

【我写丁香花】

请用简短的语段，写一写你心中的丁香花吧。

荷花

小朋友们，夏天快到了，满池的荷花就要开了。让我们走近荷花，去欣赏它的美吧。

我想唱一首关于荷花的歌：荷花呀荷花呀，你是那样清香淡雅。荷花呀荷花呀，出于泥土冰洁无瑕……

荷花出淤泥而不染的品格一直被大家赞誉。荷花原产亚洲热带和温带地区。我国早在周朝就有栽培荷花的记载。

那么早就开始种荷花，种了这么多年，大家一定都很喜欢它！

是啊，荷花不仅很好看，而且很有用，我们后面会讲到的。现在请大家来猜一猜，荷花是哪些城市的市花呢？

赏读荷花

荷花又名莲花、菡萏、水芙蓉等，它有又长又肥厚的地下茎，也就是我们平时说的莲藕。它的叶子是圆形的，花蕾是圆锥形或椭圆形的，层层叠叠的花瓣生长在花托穴里，荷花颜色多样，有红、粉红、白、紫等色，花瓣上有很多细小的脉络，摸起来光滑柔软。

谷意涵画

荷花全身都是宝：莲藕和莲子都可以做成我们喜欢的美食；荷花、荷叶、根茎、藕节、莲子及莲心等都可以入药。它不仅对我们的生活很有用，还因为"出淤泥而不染"的品格被文人墨客所推崇。

我就很喜欢荷花，常去看荷花。各色荷花会从挨挨挤挤的荷叶间探出头，有的绽开笑脸迎着太阳，有的害羞地低着头，好像在和水里游来游去的鱼儿说悄悄话。最吸引我的是盛开的荷花中藏着的嫩绿的小莲蓬，莲蓬的周围是黄黄的花蕊，淡淡的清香吸引了几只可爱的蜻蜓，那画面美丽极了。

荷花作为中国十大名花之一，因优雅美丽，被很多城市选为市花，比如山东省济南市、济宁市，湖北省洪湖市，广东省肇庆市，江西省九江市等。

（李易航供稿）

快来动手制作一张关于荷花的记录卡，并用"五觉"观察法、体验法填写吧！

【经典诗词】

荷叶罗裙一色裁，芙蓉向脸两边开。

——［唐］王昌龄《采莲曲》

惟有绿荷红菡萏，卷舒开合任天真。

——［唐］李商隐《赠荷花》

接天莲叶无穷碧，映日荷花别样红。

——［宋］杨万里《晓出净慈寺送林子方》

【美丽传说】

荷花仙子的传说

传说，以前的洪湖经常发生水患，百姓穷困潦倒，生活艰难。有一次，天上的荷花姐妹去参加王母娘娘的蟠桃盛会，路过洪湖时看到了民间疾苦，决心帮助百姓，就把自己的珍珠项链撒到了人间。在蟠桃会上，王母娘娘发现荷花姐妹的珍珠项链不见了，就询问缘由。荷花姐妹如实相告，王母娘娘赞赏她们的善心，就派她们下凡去拯救百姓。荷花姐妹下凡后，把一片汪洋的洪湖变成了鱼米之乡。百姓的日子变好了，湖面上也开满了荷花。

【宝贵价值】

《中药大辞典》记载：莲花味苦、甘，性平，归肝、胃经。功用是散瘀止血、去湿消风。主治跌伤呕血、天泡湿疮、疥疮瘙痒等疾病。

读写荷花

【品读佳作】

低调的高贵

杨景雯

济南的夏天，总是那么让人流连忘返。此时，你不仅能到名扬天下的趵突泉公园戏水，还能到美丽广阔的大明湖畅游。

今夏再到大明湖，正值荷花盛开。

你看，那一片片荷叶如无瑕的翡翠般碧绿，那一朵朵荷花如玉般娇艳俊美，纯洁而高雅。微风轻拂，

林子轩画

它们交相呼应，恰似翩翩起舞，又似低声细语，此时的确有"接天莲叶无穷碧，映日荷花别样红"的美感。

提起莲，不得不说爸爸的拿手菜凉拌莲藕，那真的是清脆爽口，每次都能让人回味无穷。很难想象莲藕如此味美却甘藏于淤泥而不外炫！相信莲子羹也是大家熟悉的美味吧，莲子可有健脾止泻的功效哦；而荷花粥不仅有清香化痰、凝神的效果，还有一定的减肥作用；就连荷叶也能入茶，清热解暑……真的是全身上下都是宝！

我一边欣赏美景一边思索。无论是匮乏的远古还是富庶的今朝，莲一直都在为人类的发展默默奉献着。我若有所

悟，这不正是人民教师的写照吗？

教师没有耀眼的舞台，但他们有着自己心爱的三尺讲台，在讲台上，他们日复一日、年复一年地辛勤耕耘着；教师没有明星般的光环，但他们却用汗水培育了一代代栋梁。是的，教师这个职业是平凡的，不外炫，纯洁而高雅……

莲，它结硕果而不张扬，这低调而高贵的品格才是真正的美。

荷韵泉城

黄雅欣

我爱她！不仅是因为她的高洁，更是因为她骨子里绽放着坚毅的品格。

我爱荷花，不只爱她的美，更爱她的德。

她既无牡丹的高贵，亦无玫瑰的妩媚。只那清姿素容，不施雕饰，便让君子们为之倾倒。周敦颐爱极其秉性，挥就名篇《爱莲说》，从此那"出淤泥而不染，濯清涟而不妖"的志高品洁，就成了君子的处世标杆，直让名人志士为其折腰。

忆起一个个盛夏，记忆最深的便是那一场场暴雨。我所钟爱的荷花呀，没有松柏的高大，也没有竹子的高挺，她那般娇小，那般脆弱，看似那般不堪一击。风雨轻松地将一夏盛景打得凌乱，满塘的水肆意奔流，此刻根本听不得平日聒噪的蛙鸣。乌云仿佛倾泻而下的油画颜料，天地间瞬时笼上了一层灰蒙蒙的色彩。只塘边的一角，一株株新绿，努力挺直自己的身躯。菡萏的白色花苞仿佛饱蘸了墨汁，誓要在那画布上染出一抹鲜亮的色彩，照亮让人甚觉沉闷的天地。

暴雨后，天空澄净。卷着的荷叶会慢慢舒展开来，逗弄着水珠，给荷花映衬出一道道彩虹。此时你会感叹她是如此的坚强，完全没有一点点脆弱的影子。粼粼的湖面上，一枝枝荷花，窈窕曼妙，甩甩秀发，在微风中抖抖裙摆，迎着夕阳，袅袅地，似是一支优雅的舞……

泛舟湖上，五月的警笛又一次响彻济南的上空，宣告着我们铭记历史，不忘初心的誓言。齐鲁大地多志士，这块生我养我的土地，也曾经历过狂风暴雨。看砚池山下、解放阁旁，绿柏葱葱，英魂长存，一代代仁人志士坚强不屈，为我华夏奋斗不息。和平盛世下的我们，不会娇弱，而会继承这坚强的神韵。

这个小荷将露尖尖角的夏天，荷正伴着泉城人顽强战疫。我坚信，我们一定能共克时艰，这花红柳绿的大地也将焕发出别样的生机！

指导老师：陈长辉

【我写荷花】

请用简短的语段，写一写自己心中的荷花吧。

菊花

你来猜一猜

我来说个谜语吧——瓣儿红，瓣儿黄，不怕风，不怕霜，秋风吹来扑鼻香。谁知道谜底是什么？

这样的谜语我也会说——不畏霜寒意志坚，四位君子列其中。每逢九月重阳时，枝头抱香英姿显。

哈哈，你们的谜语是相同的谜底——菊花。它是中国十大名花之一，也是花中四君子之一。

大家猜一猜，菊花是中国哪些城市的市花呢？

 赏读菊花

于陈鑫画

菊花原产我国，是多年生宿根草本植物，有红、黄、白、橙、紫、粉红、暗红等花色。按照栽培形式区分，常见的有独本菊、多头菊、悬崖菊、艺菊、案头菊等多种类型。

根据产地不同，主要有以下几种：安徽省亳州市、涡阳县及河南省商丘市主要出产"亳菊"；安徽省滁州市主要出产"滁菊"；安徽省歙县、浙江省德清市主要出产"贡菊"；浙江省嘉兴市、桐乡市、湖州市吴兴区、海宁市主要出产"杭菊"。

菊花是中国十大名花之一，花中四君子"梅兰竹菊"之一。因菊花具有清寒傲雪、历尽风霜而后凋的坚贞品格，古代诗人偏爱菊，有人赞它："寒花开已尽，菊蕊独盈枝"；元稹更是称："不是花中偏爱菊，此花开尽更无花"；僧齐赞它："无艳无妖别有香，栽多不为待重阳。莫嫌醒眼相看过，却是真心爱澹黄"；东坡亦有句"菊残犹有傲霜枝"，赞菊花历尽风霜而后凋的坚强品格。

菊花是花中隐士，花中君子，只要给它一点阳光和水分，在任何地方它都可以生长，它有着松树的坚韧，也有着梅花的淡雅，更有着竹子的朴实，它是美与坚强的化身。

我国选菊花为市花的城市有很多，如：北京市、河南省开封市、江苏省南通市、江苏省张家港市、山西省太原市、湖南省湘潭市、广东省中山市、山东省德州市等。

菊花品种繁多，形态各异，我们还是用"五觉"观察法走近菊花吧！

【经典诗词】

寒花开已尽，菊蕊独盈枝。

——［唐］杜甫《云安九日郑十八携酒陪诸公宴》

尘世难逢开口笑，菊花须插满头归。

——［唐］杜牧《九日齐山登高》

荷尽已无擎雨盖，菊残犹有傲霜枝。

——［宋］苏轼《赠刘景文》

【美丽传说】

菊花的故事

汉代应劭的《风俗通义》里记载：在河南省南阳市郦县，有一个叫甘谷的小村庄。那里有一道山谷，谷中的泉水非常甜美。后来人们才发现，是因为山上生长着许多菊花，泉水流过盛开的菊花丛，一片片花瓣飘落到泉水中，在清澈的水中浸泡翻滚，使泉水含有了菊花的清香。村里的男女老少十分喜爱这浸泡着菊花的山泉水，经常饮用，因此大都长寿，大部分的人活到了130岁左右。这里也就成了远近闻名的长寿之乡。

【宝贵价值】

《中药大辞典》记载：菊花味甘、苦，性微寒，归肺、肝经。能疏风清热、平肝明目、解毒消肿。主治外感风热或风温初起，发热头痛、眩晕、目赤肿痛、疔疮肿毒等疾病。菊花在治疗高血压、动脉硬化、偏头痛、冠心病、天行赤眼、溃疡性结肠炎等方面均有作用。

读写菊花

【品读佳作】

走近菊花

马智胤

秋天来了，菊花开了，我走近它的身边细细观赏。

这棵菊花高约 60 厘米，枝条是青绿色的，叶片边缘有深浅不一的锯齿。花朵特别漂亮，花瓣是一条一条的，中间的花瓣向内卷着，就像鹰爪；四周的花瓣向外舒展，略微弯曲，远远望去像一个个小绣球。

我伸出手摸了摸菊花，它的花瓣非常柔软，像棉球一样；用手背摸它，好像是一片片羽毛在给我挠痒痒。弯下腰闻一闻，菊花的微香中带着少许苦味，闻起来特别清新、独特，令人心旷神怡。听妈妈说，菊花还是一种非常好的中草药，可以清热解毒，平肝明目，用它制成的菊花茶深受大家喜爱。

菊花啊！你的茎笔直笔直的，像巨人的身姿挺拔有力。

菊花啊！你的花瓣多彩美丽却不妖娆，在挤挤挨挨的花丛中透出一股清雅。

秋风来了，百花凋零，你却喜迎秋风盛开。

古人爱你的高洁，诗人赞你的坚强，有人爱你艳丽的色彩，有人爱你花朵的美丽，我独仰视你坚强的品格！

指导老师：施红卫

【我写菊花】

请用简短的语段，写一写你心中的菊花吧。

金银花

你来猜一猜

长长藤蔓宽宽叶，又黄又白美如画。小小花朵神通大，健康美丽走天涯。清热解毒又护肤，清香可口上等茶。今年摘了明年开，一年更比一年发……

这首歌真好听！歌里唱的是什么花呢？

又黄又白美如画——唱的是金银花。这种花在我国分布很广，作为中药的是它干燥的花蕾或初开的花，且具有清热解毒等功效。

又好看又有用，这样的花大家肯定都喜欢。那么金银花是哪座城市的市花呢？

赏读金银花

金银花又名忍冬花、金花、银花、双花、二花、二宝花等，是多年生半常绿缠绕木质藤本植物。金银花分布于我国西南、华东、中南、辽宁、山西、陕西和甘肃等地区。

张曦予画

你看，那是一簇簇小巧玲珑、香气四溢的金银花。它的细茎正面是玫瑰红色的，而背面是碧绿色的，上端长着两片长长的、娇羞的、微卷起来的白色花托。在花托中间有如针线般的花丝顶着细小的花蕊，花蕊最大的一颗是青绿色的，圆圆的不过幼儿的指甲盖大小。金银花在春夏交汇的四至六月开得最繁茂。白色的花朵像珍珠般洁白无瑕，盛开三四天后，花儿就变成了金子般的黄色。这就是人们把这种花称作"金银花"的原因吧！

金银花还有一位和它长得很像的朋友，叫作金银木。常有人以为金银木上开的花就是金银花，其实这是把它们搞混了。要分清这两种植物很容易：金银花是藤本植物，成熟的果实是蓝黑色的；金银木是木本植物，成熟的果实是鲜红色的。只要记住这两点，就可以准确地区分它们了。

金银花是辽宁省鞍山市的市花，它象征着钢城人民在建设祖国的道路上坚韧不拔、忠诚奉献的精神。

（杜沛桐供稿）

快来动手制作一张关于金银花的记录卡，并用"五觉"观察法、体验法填写吧！

【经典诗词】

　　春晚山花各静芳，从教红紫送韶光。

　　忍冬清馥蔷薇酽，薰满千村万落香。

　　　　　　　　　　　——［宋］范成大《余杭》

　　记得炎天香气浓，深黄淡白绕如龙。

　　蓬门不识金银气，唤取芳名作忍冬。

　　　　　　　　　　　——［清］刘荫《忍冬藤》

【美丽传说】

金银花的传说

　　相传在很久以前，有一对美丽的孪生姐妹，她们生活在丁香河畔，姐姐叫金花，妹妹叫银花。有一天，她们看见有人在追赶一个瘦弱的女子，于是奋力相救。可是，这个获救的女子遍体鳞伤，而且周身红斑、发热，眼看着情况十分危急。为了寻求能够救这个女子的仙草，姐姐金花不幸遇难，妹妹银花继续寻找，终于得到了仙草。女子渐渐康复了，可是银花却因劳累过度也去世了。被救的女子失声痛哭，为了感谢金花和银花的恩情，就把她们用生命换来的仙草种在了姐妹二人的坟前。后来，这草抽藤长叶，每到夏天开花时，一簇簇花朵先白后黄，交相辉映，十分美丽。看到的人们就称这花为金银花。因为金和银都是宝物，所以也叫二宝花。

到了入冬时节，藤上的老叶变得枯黄，逐渐落下，却在叶腋处再生新叶，而且经冬不凋，因此它又得到了"忍冬"的雅号。

【宝贵价值】

《中药大辞典》记载：金银花味甘、性寒，归肺、胃经，有清热解毒的功效。主治外感风热或温病发热、中暑、热毒血痢、痈肿疔疮、喉痹、多种感染性疾病。此外，花可酿酒，可入茶。

 读写金银花

【品读佳作】

我和金银花的故事

王虹月

在医药界，有一个颜值与实力并存的明星，那就是金银花！

校园的小花坛里，药房的玻璃橱柜里，人们的日常生活中，处处可见金银花。金银花之所以叫这个名字，是因为它的花瓣的颜色会变化，最初是白色的，逐渐变为金黄色。它的花叶基部是圆形或近似心形，上面深绿色，下面淡绿色，一眼望去很有层次感。

有一段时间，我特别容易上火，经常口腔溃疡，吃东西的时候可难受了。妈妈就从药房里买了几瓶金银花露，说是中药，能够清热解毒，可以缓解我的疼痛。我一看是在药房买的，而且主原料还是中药，心里直犯嘀咕："这药房里的东

西不就是药嘛，而且还是中药，肯定不好喝！我可不想喝……"

妈妈仿佛猜到了我的心思，笑着说："你放心，金银花露是甜的，就像饮料一样，一点儿都不苦。"

"真的？"我皱着眉，还是有些不相信。"你尝尝不就知道了。"妈妈说。我犹豫着，接过妈妈递给我的一小杯金银花露，小心翼翼地抿了一小口。哇！妈妈果真没有骗我！这金银花露凉丝丝的、甜甜的，果真好喝！我忍不住又喝了一大口，一下子就爱上了这甜甜的味道！之后的几天，不需要妈妈提醒，我就会主动喝金银花露。没过几天，我的口腔溃疡竟然好了。我想：谁说良药必须苦口呀，这金银花露可就不一样，不但好喝还用处大！从此以后，金银花露就成了我的最爱！

现在，我对金银花的了解更多了：金银花不但能清热解毒，还具有抗菌消炎、保肝利胆的神奇功效，服用后对人体大有裨益。人不可貌相，海水不可斗量。小小的金银花却有着大大的作用！这让我不由得心生赞叹：老祖宗留下来的中医药文化，可真了不起呀！

指导老师：范荣波

【我写金银花】

请用简短的语段，写一写你心中的金银花吧。

蜡梅花

你来猜一猜

老师，我今天读到了一首诗——少馑蜡泪装应似，多爇（ruò）龙涎臭不如。只恐春风有机事，夜来开破几丸书。这首诗写的是什么花？为什么会是"臭"的呢？

哈哈，这是宋代诗人高荷创作的七言绝句《蜡梅》。诗里的"臭"和"嗅"同音，"多爇龙涎臭不如"是从嗅觉方面来写的，说蜡梅花的香气胜过著名的龙涎香。

我明白了，这首诗是写蜡梅花黄如蜡汁，香胜龙涎。一夜春风后，蜡丸似的花蕾悄悄绽放，让人心生欢喜。

你解读得很好。那么谁知道蜡梅是中国哪些城市的市花呢？

赏读蜡梅花

蜡梅花又名腊梅花、蜡花、黄梅花、雪里花、巴豆花。蜡梅树是落叶灌木，可高达4米，老枝近圆柱形，灰褐色，叶对生，具短柄，叶片卵圆形至卵状椭圆形。

朱子琳画

蜡梅花小巧玲珑，花色如金，未开放时宛如娇羞的少女。当它的花骨朵儿逐渐张开时，黄色的花瓣薄如蝉翼，散发出淡淡的清香，让人流连忘返。

蜡梅花开放在寒冷的冬天，任凭寒风吹袭，它依然保持英姿。从蜡梅花的身上，我们能感受到那种勇敢坚韧、顽强不屈的高贵品质。蜡梅的花语包括忠实、独立、坚贞等，它不仅象征着坚强不屈、刚正不阿、永不服输的精神，而且象征着不与世俗同流合污的高风亮节。

以蜡梅花为市花的城市有河南省鄢陵县、湖北省鄂州市、四川省达州市等。

快来动手制作一张关于蜡梅花的记录卡，并用"五觉"观察法、体验法填写吧！

【经典诗词】

金蓓锁春寒，恼人香未展。

——［宋］黄庭坚《戏咏蜡梅二首（其一）》

一花香十里，更值满枝开。

——［宋］陈与义《同家弟赋蜡梅诗得四绝句（其四）》

岁晚略无花可采，却将香蜡吐成花。

——［宋］杨万里《蜡梅四首（其一）》

【美丽传说】

天下第一花

相传在很久以前，汴京城里刮过一场罕见的狂风，飞沙走石，树倒根摧，昏天黑地。大风把紫禁城里皇帝寝宫门前的影壁墙都刮倒了。

次日早朝，左班丞相建议把鄢陵的蜡梅移植在寝宫门前。这样做的好处：一是平时可以遮挡毁坏的影壁墙；二是夏天可以避荫；三是蜡梅在新年开花，色黄如金，是皇家的吉祥之兆。皇帝听到这个主意，连声称妙，立即准奏。

鄢陵县令接到圣旨，很快就选定了一棵百年素心蜡梅，并派了一名技艺超群的花匠，一起送到了汴京城。蜡梅被栽到了寝宫门前，经过花匠的修剪，便成了和原来的影壁大小相近的屏风模样。

到了寒冬时节，蜡梅绽开了金黄的蓓蕾，散发出阵阵清香。皇帝闻香而来，看到盛开的蜡梅花如串串金铃，顿时心旷神怡，脱口而出："真乃国色天香，天下第一花也。"

【宝贵价值】

《中药大辞典》记载：蜡梅花味辛、甘、微苦，性凉，有小毒，归肺、胃经。有解暑清热、理气开郁的功效。主治暑热烦渴、头晕、胸闷脘痞、梅核气、咽喉肿痛、百日咳、小儿麻疹、烫火伤等。

读写蜡梅花

【品读佳作】

蜡梅花

陈瑞琦

蜡梅花虽没有玫瑰花那么娇艳动人，也没有荷花那么风姿绰约，但它在我心中却是独一无二的。由于它在腊月开放，所以人们也称它"腊梅花"。据说蜡梅本来叫"黄梅"，大文豪苏东坡和黄山谷看到黄梅花好像蜜蜡，于是将它改名"蜡梅"。

蜡梅花的形状像梅花，花瓣很小，重叠在一起。一朵朵小黄花，像一颗颗闪闪发亮的黄宝石，令人心生喜爱！黄色的花瓣晶莹别透，像是用蜡做的一样，比金子还美！它还有一缕香气，十分好闻。蜡梅一点儿也不娇气，反而坚强不屈。寒冬腊月，其他花都枯萎了，蜡梅花却孤傲地挺立在风雪中，这种坚强不屈的精神不禁让我想起了守卫祖国边疆的军人们。他们不畏风雪，无惧困难，傲立于祖国的边疆大地上，守护着我们的祖国。

蜡梅不但长得好看，有着高贵的品质，还有许多功效。它能解暑清热、理气开郁。主治暑热烦渴、头晕、咽喉肿痛、百日咳、烫火伤等。

蜡梅花真不一般，它是我心中真正的花仙子！

指导老师：梁燕丹

【我写蜡梅花】

请用简短的语段，写一写你心中的蜡梅花吧。

牡丹花

你来猜一猜

小朋友，你们听过这首歌吗？"啊！牡丹，百花丛中最鲜艳。啊！牡丹，众香国里最壮观。有人说你娇媚，娇媚的生命哪有这样丰满？有人说你富贵，哪知道你曾历尽贫寒……"

我听过，这是《牡丹之歌》，赞美的是雍容华贵的牡丹。

我知道牡丹花，它的花色艳丽。牡丹花有"花中之王"的美誉。

在清代末年，牡丹就曾被当作中国的国花。2019年，中国花卉协会发起"我心中的国花"的投票，向公众征求对中国国花的意向，牡丹最终胜出，得票高达79.71%。

我真想知道，有哪些城市把我们的国花牡丹作为市花呢？

赏读牡丹花

牡丹的茎可以长到 2 米，比一个成人还要高。叶子像小小的手掌，叶片很光滑。牡丹的花朵又大又美，一层又一层的花瓣蓬松地绽开，犹如小仙女的千层蓬蓬裙，既梦幻又时尚。看看这一朵，雍容华贵，很美；看看那一朵，气质高雅，也很美。

苏扬画

牡丹花艳丽多彩，有红的、黄的、白的、绿的、浅粉的……让人目不暇接。你看这一朵：洁白无瑕，花瓣层层叠叠，犹如一枚枚白玉，中间裹着金黄色的花蕊，好像呵护着一群小宝宝。再看那一朵：粉红的花瓣错落重叠，中央还吐出鹅黄色的花蕊，格外艳丽动人。

一阵风吹来，绿叶沙沙作响，牡丹花随风摇曳，仿佛一群佩金戴玉的仙女，在绿毯上翩翩起舞。时不时有几只蝴蝶或蜜蜂回旋穿梭，点缀着这满园的国色天香。

因为对牡丹的喜爱，河南省洛阳市、山东省菏泽市、安徽省铜陵市、黑龙江省牡丹江市、四川省彭州市都以牡丹为市花，由此可见牡丹在中国深受欢迎。

（陈雅润供稿）

为了更直观地认识牡丹花，请动手制作一张关于牡丹花的记录卡，并用"五觉"观察法、体验法填写吧！

传统文化

【经典诗词】

　　庭前芍药妖无格，池上芙蕖净少情。

　　唯有牡丹真国色，花开时节动京城。

——［唐］刘禹锡《赏牡丹》

　　落尽残红始吐芳，佳名唤作百花王。

　　竟夸天下无双艳，独立人间第一香。

——［唐］皮日休《牡丹》

　　一自胡尘入汉关，十年伊洛路漫漫。

　　青墩溪畔龙钟客，独立东风看牡丹。

——［宋］陈与义《咏牡丹》

【美丽传说】

武则天贬牡丹花

吴秋涵画

　　传说有一年冬天，已经做了皇帝的武则天到后苑游赏，却见万物萧条，很是失望。她想：如果能在一夜之间让百花齐放，那该多好啊！于是，她摆出女王的威风，对百花下了诏令："明朝游上苑，火急报春知。花须连夜发，莫待晓风吹。"

　　第二天，一场纷纷扬扬的大雪从天而降。尽管天寒地冻，后苑中却盛开了五颜六色的花朵，不同花期的花儿都不得不服从女皇的旨意。武则天高兴极了。走着走着，她意外地看到了一片毫无生机的花圃，武则天生气地问："什么花如此大胆，竟敢违抗圣旨？"大家举目望向那干枝枯叶，急忙禀报是牡丹花。武则天大怒道："立刻把牡丹逐出京城，贬到洛阳去。"

令人没有想到的是，被贬到洛阳的牡丹刚被埋入土中，很快就焕发出生机，不久便绽开了娇艳的花朵，锦绣成堆，无与伦比。武则天得知这个消息，勃然大怒，立即派人前往洛阳，要将牡丹花一把火烧光。然而，大火过后，心生惋惜的洛阳人却意外发现，牡丹的枝干虽然被烧得焦黑，但再次盛开的花朵却更加绚烂。

从那以后，牡丹花就获得了"焦骨牡丹"的称号。牡丹则在洛阳扎下了根，名扬天下。

【宝贵价值】

牡丹素有"花中之王"的美称，其观赏价值颇高。牡丹可在公园和风景区建立专类园；在古典园林和居民院落中筑花台培植；在园林绿地中自然式孤植、丛植或片植。

牡丹花具有药用价值。据《四川中药志》记载，牡丹花味苦、淡，性平，可用于治疗妇女月经不调、经行腹痛等。

 读写牡丹花

【品读佳作】

赏牡丹

白敬炜

有人喜欢娇艳的蔷薇，有人喜欢洁白的玉兰，而我钟爱雍容华贵的牡丹。

周末，爸爸妈妈带我去公园看花展，只见公园里花团锦簇，美不胜收。突然，我被一种花吸引了。它的花瓣非常独特，单片花瓣的形状像一把小蒲扇，边缘是波浪纹，一层层的花瓣重叠在一起，像是穿着锦衣华服的高贵女王，温婉大气。它的颜色绚丽多彩，白里透着粉，粉里透着红，花瓣中央还吐出鹅黄色的花蕊，一阵微风拂过，那大朵大朵的花儿随风摇曳，美得流光溢彩。

妈妈说，这就是我们的国花——牡丹。我忍不住伸手摸了摸它，那花瓣薄如蝉翼，好像稍一用力就会掉落。我小心翼翼，生怕弄疼了它。我又细细地嗅了嗅牡丹，一股香味扑面而来，淡淡的，让人心旷神怡。

牡丹被称为花中之王，不仅因为它国色天香，还因为它象征着不畏强权、坚持原则的精神。

我爱牡丹花，爱它的美丽，更爱它那高洁的品性和至纯的勇气。

指导老师：王振会

【我写牡丹花】

请用简短的语段，写一写你心中的牡丹花吧。

芍药花

你来猜一猜

有一种花和牡丹长得很像，是"六大草本类名花"之一，被称为"五月花神""花中丞相"。大家知道这是什么花吗？

我知道，是芍药花。它和牡丹是同时开花吗？

不是的。北宋诗人王禹偁的诗句"风雨无情落牡丹，翻阶红药满朱栏"说明芍药开放在牡丹衰败之后，即每年的暮春夏初时节。

除了开花时间的先后之外，我还知道牡丹花是木本，枝干硬朗；芍药花是草本，枝干比较柔软。牡丹花一般是独自一朵生长在花枝顶上，花形很大；芍药花一般是两三朵花一起开在顶上，花形比较小。

今天我又学到新知识了！那么芍药花是哪些城市的市花呢？

赏读芍药花

芍药是我国的传统名花之一，分布在我国华东和东北地区。《神农本草经》将其列为中药，大约在晋朝时初见栽培，唐、宋朝以后品种日渐繁多。

陈李青画

芍药绽放，用它的美丽动人诉说着最美好的情谊。它又名离草，这一别称表达了与挚友分离时的依依惜别之情。芍药花的品种繁多，有四十余种，被称为"花相"，仅次于"花中之王"牡丹。但芍药并未因其绰约风姿而招摇，而是犹如一位温文尔雅的谦谦君子，不争不抢，不卑不亢，绽放于山水房树之间，行也安然，坐也安然，正是中国文化中宁静致远、淡泊如水的写照。

唐代诗人韩愈以"浩态狂香昔未逢，红灯烁烁绿盘笼"称赞芍药那浓烈的香气非一般花所及；宋代词人姜夔借花抒情，写下千古名句"念桥边红药，年年知为谁生"；苏东坡在扬州做官时也创作出"扬州近日红千叶，自是风流时世妆"……从众多诗词中可见芍药的受欢迎程度。

因为对美丽的芍药花格外钟爱，我国的江苏省扬州市和安徽省亳州市都将芍药作为市花。

请你动手制作一张关于芍药花的记录卡，并用"五觉"观察法、体验法填写吧！

传统文化

【经典诗词】

　　浩态狂香昔未逢，红灯烁烁绿盘龙。

　　觉来独对情惊恐，身在仙宫第几重。

—— ［唐］韩愈《芍药》

　　闲来竹亭赏，赏极蕊珠宫。叶已尽馀翠，花才半展红。

　　媚欺桃李色，香夺绮罗风。每到春残日，芳华处处同。

—— ［唐］潘咸《芍药》

【美丽传说】

华佗与芍药花

　　相传，以前世人认为芍药并没有药用价值。一天晚上，华佗正在看医书，忽然听见窗外有女子哭泣，赶忙跑出去看。但是，除了一株芍药，他并没有看到任何人。华佗没有在意，回房继续看书，可刚坐下来又听见有人哭。这样反复了很多次，华佗觉得非常奇怪，就把这件事告诉了妻子。妻子说："是不是你不将芍药入药，她觉得委屈，所以哭了？"华佗不以为然地说："芍药全身上下没有任何特别的地方，如何入药？"一天，华佗的妻子经血如注，小腹绞痛。但她并没有告诉华佗，而是自己挖来芍药的根部煎水喝，喝完没多久，症状居然消失了。后来，妻子把这件事告诉了华佗。华佗经过研究才知道，原来芍药确实是一味治病的良药。

【宝贵价值】

　　《中药大辞典》记载：白芍的根可入药。白芍味苦、酸，

性微寒，归肝、脾经。白芍具有养血调经、止汗止痛、敛阴平肝的功用。白芍主治疗血虚寒热、脘腹疼痛、头痛眩晕、胁痛、肢体痉挛性疼痛、自汗、盗汗、下痢泄泻等疾病。

 读写芍药花

【品读佳作】

芍药

高凯文

在春风的抚摸和夏阳的照耀下，它不侵众芳而盛放。它就是扬州的市花——芍药。

陶渊明笔下的菊花以高洁闻名于世，周敦颐笔下的莲花以"出淤泥而不染"为人称颂，刘禹锡笔下的"唯有牡丹真国色"名动天下……自古以来，文人墨客为花色、为花香、为花之品质赋诗极多，具有"花中宰相"之称的芍药在众芳妍中亦毫不逊色。

五一假期，我又一次在扬州的公园里见到了芍药。带着惊喜、赞赏，我慢慢地走近那红的、粉的、白的芍药。芍药花硕大呈圆形，最外围的一层花瓣有9～12片，比里面的花瓣要稍厚一点，这些外围的花瓣好像一把把保护伞，守护着里面娇弱的花蕊。花蕊则像一个个好奇的宝宝，在花瓣的保护下探出了小脑袋，好奇地张望着周围的人。

芍药的颜色多样，有的是紫色中夹杂粉红，有的是紫色中夹杂鹅黄，有的是纯白中夹杂嫩黄，还有的是纯黄色、纯白色、纯紫色、纯红色，更别提那些说不出具体颜色的混合

色。一朵朵芍药花在绿叶中盛开着，看得我眼花缭乱，好像走进了芍药花的海洋。还有那扑鼻而来的浓烈香味，让我深深地沉醉。

我的妈妈喜爱芍药，每到芍药的花期都会买来芍药插在花瓶里。芍药那浓烈的芳香盈满室内，为我们带来一天的好心情。

指导老师：顾文娟

偶遇"金缠腰"

覃歆然

"和煦春风芍药开，红波轻漾醉胭脂。"不知不觉，春天的尾巴悄然而至，花中宰相——芍药开始吐露芬芳。

热闹喧腾的花园里人头攒动，我随着人流穿梭，终于停在凉亭的一个角落。这里有绝佳的视角，放眼望去没有人群的遮挡，粉白相间的芍药映入眼帘，让我的心里涌起说不出来的喜悦，笑容也爬满我红扑扑的脸庞。

季新格画

我的目光在这片芍药花海里游荡，突然被一株深红色的芍药花吸引：它的花瓣是上下分开的，中间围绕着一圈金黄色的花蕊，就像给花朵系了金腰带。"是金缠腰！"我差点大叫出来，赶紧伸手捂住了激动的嘴，生怕风儿把这三个响当当的字吹到其他游客的耳朵里。马上，我的脚在一个个狭小的空间里再次挪动着，好不容易挤到了这株"金缠腰"身边。它好像也明白我的来意，轻轻地把头歪向我。我赶紧掏出相机，数不清多少"咔嚓"声后，它那动人的姿态全被我捕捉到了。我拨开旁边开得正艳的粉红姐妹，边看边想，这可是"四相簪花"里的"金缠腰"啊！

记得妈妈给我讲过一个传说：北宋时期，扬州太守韩琦的后花园中有一种芍药，一根枝上分了四个岔，每个岔上都开了一朵花，花瓣是红色的，但是有一圈金黄的花蕊围在中间，所以大家把这种芍药叫作"金缠腰"。韩琦邀王珪、王安石、陈升之一起来欣赏这株美丽、奇特的花。其间，韩琦剪下这四朵"金缠腰"在每人头上插了一朵。说来还真是奇怪，后来赏花的这四个人竟然先后做了宰相。这就是有名的"四相簪花"的故事。我想这也是人们把芍药称为"花中宰相"的原因吧。

这天夜里，我做了一个奇怪的梦，梦见自己化身一朵"金缠腰"，在一片姹紫嫣红、暗香浮动的芍药园里等待认识我的有心人，将我摘下插在耳边，让我为他带去一份幸运！

指导老师：潘隽

【我写芍药花】

请用简短的语段，写一写你心中的芍药花吧。

金边瑞香花

你来猜一猜

你们知道吗？早在古代，文人墨客就非常喜欢瑞香花。宋代著名诗人曾端伯所作的十首花名诗，其中就有瑞香。

我知道！后人称这十种花为"花中十友"，其中瑞香花被雅称为"殊友"。到了近代，瑞香花其中的一个品种——金边瑞香，更成为世界名花，以"色、香、姿、韵"四绝风靡于世，与日本五针松、长春和尚君子兰合称"世界园艺三宝"，深受人们喜爱。

你懂得真多啊！那么我们能够自己种植金边瑞香吗？

当然可以啦。金边瑞香的种殖方式有很多种，常见的有播种、压条和扦插。它很好养活，是一种生命力旺盛的花。

喜欢金边瑞香的人很多。你们猜一猜，它是哪些城市的市花呢？

赏读金边瑞香花

金边瑞香又名蓬莱花、雪地开花等，是瑞香的变种。金边瑞香树是常绿直立灌木，树姿优美，生机盎然，像一位富有朝气的潇洒少年。

金边瑞香绿色的椭圆形叶片边缘，镶了一圈淡黄色的丝边，这个显著的特点能让我们一眼就认出它。当它沐浴在阳光下，这条丝边会更加耀眼，我猜这就是"金边瑞香"名字的由来吧。

李映萱画

金边瑞香的花蕊簇生在叶腋之间，刚刚萌芽时是青色的。慢慢地，花蕊由外向内开放，变成紫红色。每朵花由数十朵小花组成，每朵小花有四片花瓣，花瓣朝四面张开。仔细观察，花的内侧是嫩嫩的肉红色，像小女孩可爱的脸蛋；花的外侧则是淡紫红色，随着花朵的成熟，花色紫得浓郁，红得鲜艳。

传说古时候，有位和尚在梦中闻到异香，醒后寻得金边瑞香，并供奉于佛前。这个故事更是为金边瑞香增添了几分传奇色彩。新春佳节时，正是金边瑞香的盛花期，开花时香气浓郁、芬芳迷人。

人们常用"牡丹花国色天香，瑞香花金边最良"来赞美金边瑞香。江西省的南昌市、赣州市都将金边瑞香这一中国传统名花作为市花。

（陈芯供稿）

指导老师：雷皎蓉

请你也动手制作一张关于金边瑞香花的记录卡，并用"五觉"观察法、体验法填写吧！

【经典诗词】

绝爱小花和月露，折将一朵篸银瓶。

——［宋］杨万里《瑞香》

领巾飘下瑞香风，惊起谪仙春梦。

——［宋］苏轼《西江月·真觉赏瑞香》

仙品只今推第一，清香元不是人间。

——［宋］张孝祥《丑奴儿·瑞香》

【美丽传说】

李时珍与瑞香

翻开宋代的《清异录》里面关于瑞香花的传说也让人印象深刻：传说早年间，有一老和尚云游至庐山，坐于庙旁的石凳上休息，不知不觉睡着了。梦中闻到阵阵花香，气味浓烈。他醒来后发现这香味确实存在，便开始四处寻找，果然寻得浓叶香花一株。老和尚把这株植物小心翼翼地移入盆中，供于佛像前。不久后春节到了，此花依旧盛放，香味浓郁四溢，敬佛的人们都认为它是一年的祥瑞之兆，故将此花改名为"瑞香"。此后，人们培育出了叶片边缘镶金边的瑞香品种，取名为"金边瑞香"。

【宝贵价值】

《中药大辞典》记载：金边瑞香味辛、甘，性温。金边瑞香的花具有活血止痛、解毒散结的功用。主治头痛、牙痛、咽喉肿痛、风湿痛等。

赏读金边瑞香花

【品读佳作】

金边瑞香

李梓铭

啊！好香啊！我寻着香味望去，原来是一盆金边瑞香。

金边瑞香的叶片青绿，摸起来像丝绸一般光滑细腻，其边缘有一圈黄色的金边，难怪叫它"金边瑞香"啊！金边瑞香的枝条比较粗壮，像壮汉的手臂一样。近看，那一根根圆柱形的小枝，披着紫褐色的外衣，结实强壮。金边瑞香的叶子是互生的，就像一个个小孩在打闹，其长度在7厘米到13厘米之间。叶子的表面是绿色的，背面则是淡绿色的。

关于金边瑞香的花名由来，还有这样一个美丽的传说：

早年间，有一位老和尚云游到庐山，坐在庙旁的石凳上休息，不知不觉间就睡着了。在梦中，他似乎闻到阵阵花香，只觉得气味浓烈。醒来后，他发现这香味确实存在，便开始四处寻找，果然寻得浓叶香花一株。他便给花取了个名字叫

程心蕾画

"睡香"。老和尚把这株植物小心翼翼地移入盆中，供于佛像前。不久之后春节到了，此花依旧盛放，香气浓郁四溢，敬佛的人们都认为它是一年的祥瑞之兆，故将此花称为"瑞香"。此后，人们又培育出了叶片边缘镶金边的瑞香品种，取名为"金边瑞香"。

金边瑞香美观雅致，它的茎皮纤维还是一种造纸的原料。它的花朵具有一定的药用价值，能活血止痛、解毒散结等。

春节就要到了，这盆香气四溢的金边瑞香为家中增添了些许春的气息，为我们家带来一年的祥瑞。

指导老师：雷皎蓉

【我写金边瑞香花】

金边瑞香风姿绰约，芳香馥郁。请你用生动的文字描绘出你眼中的金边瑞香花吧。

朱槿花

有一种花，它的花语是：纤细美、永葆清新、热情奔放。你们知道这是什么花吗？

我知道，是朱槿花！因为朱槿的枝条纤柔细长，花期较长，而且红色的朱槿花给人一种热烈的感觉。

对！朱槿花的花期较长，鲜艳的颜色向人们展示着热情大方的姿态。朱槿花代表着人们对美好生活的无限热爱，对梦想的执着追求。

蓬勃向上、热情大方的朱槿花，我真喜欢它！我爱朱槿花，更爱它的品格与精神。

朱槿花的原产地为中国，在古代就是一种受欢迎的观赏性植物，西晋时期的《南方草木状》中就有关于朱槿的记载。大家猜一猜，它是哪座城市的市花呢？

赏读朱槿花

朱槿花又名扶桑、佛桑、桑槿、赤槿等。由于花的颜色大多数是红色，所以我国岭南一带把它叫作大红花。

黄炜玲画

它是常绿灌木，高约1~3米；小枝是圆柱形的，疏被星状柔毛。叶片较大，呈阔卵形或狭卵形；叶边有粗齿。花单生于上部叶腋间，花冠是漏斗形的，花瓣是倒卵形的，前面呈圆形。蒴果卵形，平滑无毛，有喙。在温度适宜的地区，朱槿花的花期可为全年。

清晨，朱槿花开放了，花瓣是鲜红色的，艳得耀眼，在露珠的点缀下，宛若戴了一条银项链的小姑娘。它的花朵那么丰盈，花瓣中吐出一条长长的金色雄蕊。在绿叶的衬托下，花朵显得格外艳丽，恰似一抹红霞挂在天边。阳光越来越灿烂，盛开的朱槿花那娇艳的红色花瓣好像也被镀上了一层金边。怡人淡雅的芳香散发在空气中，婀娜多姿的朱槿花是多么美丽啊！

朱槿花不仅外表美丽，而且具有顽强的生命力。它不仅能使我们赏心悦目，还有着极高的药用价值，能为人解除病痛。这样的朱槿花，有谁不爱呢？

因此，广西壮族自治区的南宁市将朱槿花作为市花。

（姚雅琳供稿）

指导老师：薛芸

请你也动手制作一张关于朱槿花的记录卡，并用"五觉"观察法、体验法填写吧!

【经典诗词】

瘴烟长暖无霜雪，槿艳繁花满树红。

每叹芳菲四时厌，不知开落有春风。

——［唐］李绅《朱槿花》

红开露脸误文君，司萼芙蓉草绿云。

造化大都排比巧，衣裳色泽总薰薰。

——［唐］薛涛《朱槿花》

【美丽传说】

朱槿——梦想之花

传说有两个渔民，一个叫阿呆，一个叫阿土，他们都有一个同样的梦想——成为大富翁。

一天，阿呆做了一个非常奇怪的梦。梦里有人告诉他，只要乘船到对岸的岛上，找到寺院中那一大片朱槿花，在其中一棵开红花的朱槿下面挖掘，就会找到埋在土里的一坛黄金。阿呆醒来后认为是神明的指点，便决定去一探究竟。他满怀希望地驾船到了那座岛上，很快找到了寺院中的一大片朱槿花。可是这时已是秋天，花朵都凋零了，于是阿呆就在这里住了下来，静候春天。冬去春来，朱槿花纷纷盛开，却没有一朵是红色的。住在这里的僧人也说，从来没有见过开红花的朱槿。阿呆很沮丧，失望地离开小岛，回到了自己的村子里。

后来，阿土听说了阿呆的经历，就给了他一些钱，买下了这个梦。阿土也找到了那座寺院，住在那里静心等待。第二年春天，朱槿花灿然绽放，奇迹终于出现了——阿土看到了一朵如同晚霞般绚烂的红花傲然怒放。阿土兴奋地在这棵朱槿下挖掘，果真挖出了一坛黄金。他用这些黄金做本钱，并辛勤劳作，逐渐成了附近最富有的人。

这个故事告诉我们：只要有耐心，并能执着追求，就一定能用辛勤的汗水浇开美丽的梦想之花。

【宝贵价值】

《中药大辞典》记载：朱槿花味甘、性寒。功用为清肺、凉血、利湿、解毒。主治肺热咳嗽、咯血、鼻衄、痢疾、赤白浊、痈肿毒疮等疾病。

读写朱槿花

【品读佳作】

美丽南宁，美丽朱槿

杨雨辰

清明期间，妈妈带我去绿城南宁，探望舅舅一家。

三月的南宁是花的海洋。表姐带我打卡了几个美丽的赏花景点：有金花茶公园，有邕江边的三角梅长廊，还有青秀山的兰园。

经过民族大道时，我看见大道两侧种满了大红花，远远望去，花繁叶茂，非常漂亮。此时微风吹过，花儿随风摇曳，好像在欢迎我的到来。我忍不住问舅舅这种花的名字。舅舅告诉我："这是南宁的市花——朱槿花。"

　　在南宁会展中心游玩时，表姐问我："你觉得这个建筑的形状像什么？"我说觉得像一朵花。表姐表扬了我，并把我带到一片花前，说："这就是朱槿花，又叫扶桑花，是南宁市的市花。会展中心的造型就是一朵金黄色的朱槿花，十二瓣花瓣寓意广西十二个民族团结一心。南宁的很多路边和公园都种了这种花，它四季开花，颜色鲜艳，有三千多个品种呢，装点着南宁这座美丽的城市。"

　　朱槿花真美呀，它们开了一大片，红艳艳的花瓣像一张张灿烂的笑脸，欢迎四面八方的游客。表姐捡起一朵朱槿花帮我戴在头上拍照，我太开心啦！舅妈拿来了保鲜袋，表姐和我捡了好多掉在地上的朱槿花。舅妈说回家后要煮朱槿花水给我们喝，因为朱槿花可以清肺解毒，让我们精神百倍。

　　后来我还了解到：朱槿花不仅是一种观赏植物，它的药用价值也很高。花可以入药，有清肺、凉血、利湿、解毒的功效。有一次舅舅肺热咳嗽，舅妈按照中医的要求，找来一些朱槿花和其他药物熬汤，两天后舅舅的病就好多了。我心中不禁感叹：朱槿花真是太神奇啦！

　　我爱朱槿花，因为它不仅让人赏心悦目，而且还能帮病人解除病痛。

　　美丽的朱槿花，装扮着美丽的绿城南宁，也护佑着南宁市民，真是南宁的美丽使者呀！

指导老师：梁芯茹

【我写朱槿花】

　　请用简短的语段，写一写你心中的朱槿花吧。

梅花

你来猜一猜

梅花自古以来被称为"花中君子"。关于梅花，聪明的你们了解多少呢？

我知道在"中国十大名花"中，梅花位居第一，被称为"花中之魁"。

我还知道梅花和兰花、竹子、菊花被人称为"四君子"，和松、竹并称"岁寒三友"。老师，梅花是我国独有的吗？

不是的。梅花原产于中国南方，已有三千多年的栽培历史。梅花于公元前2世纪被引种到朝鲜，于公元8世纪被引种到日本。现在澳大利亚和新西兰等国也有专业人士在栽培和研究梅花。

喜欢梅花的人真多啊！那么大家猜一猜，它是哪些城市的市花呢？

赏读梅花

梅树的高度有4～10米，树皮是浅灰色或者带有绿色的，摸着很平滑。它的叶片呈现卵形或椭圆形，叶子的边缘常有小而锐利的锯齿，是灰绿色的。

张黄蓉画

梅是先开花后长叶的。花朵的直径2～2.5厘米，香味浓郁。花萼通常是红褐色，但也有些品种的花萼是绿色或绿紫色。花瓣为倒卵形，颜色有白色、粉红色等。

梅的种类很多，不但可以露地栽培供观赏，也可以栽为盆花，制作梅桩。它的花期在冬春季，果期在5～6月。

梅花的色彩令人赞叹。冬天，大地苍茫一片，是那么沉寂、冷清。梅花却在冰霜中孕育花蕾，在雪地里尽情绽放。她用缤纷的色彩点缀着庭院和原野。瞧！那么多的颜色：白的如雪素雅大方，红的似火热烈多情，绿的像玉温润优雅，粉的若霞风姿绰约……穿行在梅林中，仿佛进入了仙境。

梅花的精神格外昂扬。她傲然绽放在天寒地冻之中，她那润滑的花瓣，像颗颗水晶焕发着莹洁的光彩。越是寒冷，她就开得越秀气，越精神！白雪红梅，就是这样的遗世独立、卓尔不群！

梅花的果实惹人喜爱。椭圆形的梅子直径2～3厘米，虽然吃起来又酸又涩，但是可以制成蜜饯和果酱，那可是小朋友们最喜爱的零食。梅子还有着非常广泛的药用价值，能够生津止咳、涩肠止泻。如果有人久咳不止，或者虚热烦渴，可以喝一喝用梅子泡的茶，一定有很好的效果。

江苏省南京市、无锡市、泰州市，湖北省武汉市、丹江口市，广东省梅州市等都不约而同地将梅花作为市花。

（王虹月供稿）

让我们用"五觉"观察法、体验法，为美丽的梅花制作一张专属的名片吧！

【经典诗词】

墙角数枝梅，凌寒独自开。
遥知不是雪，为有暗香来。

——［宋］王安石《梅花》

众芳摇落独暄妍，占尽风情向小园。
疏影横斜水清浅，暗香浮动月黄昏。

——［宋］林逋《山园小梅·其一》

有梅无雪不精神，有雪无诗俗了人。
日暮诗成天又雪，与梅并作十分春。

——［宋］卢钺《雪梅·其二》

【美丽传说】

最早的梅花诗

南北朝时期的陆凯和范晔是非常要好的朋友。有一年，陆凯奉命南征，经过梅岭的时候，看到漫山遍野都是梅树，俏丽的梅花在枝头含笑绽放，香气馥郁。他一转身，想起了住在陇头的好朋友——范晔，于是心里一动，他折下一枝梅花，装在信袋里，请北去的驿使捎给自己在远方的好友范晔。

范晔收到信后拆开一看，居然是一枝梅花，他惊喜极了！信笺含香，上面还有一首小诗："折花逢驿使，寄与陇头人。江南无所有，聊赠一枝春。"看着眼前的梅花，吟着手中的赠诗，遥想着江南梅绽枝头的美好风光，感受着远方挚友的殷切挂念和美好祝福，范晔不禁热泪盈眶。

【宝贵价值】

《中药大辞典》记载：梅花味苦、微甘、微酸、性凉。有疏肝解郁、开胃生津、化痰的功用。主治肝胃气痛、胸闷、暑热烦渴、食欲不振、瘰疬结核、痘疹等疾病。

 读写梅花

【品读佳作】

我，是一朵梅花！

庄熠辉

天，下起了小雪。我站立在枝头，呼吸着新鲜的空气，聆听着风从耳边掠过，心底有个声音在呼喊："让风雪来得大一些，更大一些吧！"

我，是一朵梅花，"花中四君子"之首。

凛冽的寒冬里，我和我的兄弟姐妹们傲然绽放在漫天的风雪之中。风越大，天越冷，我们就越挺拔，越精神。瞧，我的花朵不大，有五个椭圆形的花瓣，像裙子一样围成一圈，把那一根根娇嫩纤细的花蕊护在中间。我们的衣服很

多，紫红、淡黄、浅绿、纯白……清新素雅，美不胜收！

人们喜欢我们，仅仅是因为我们美吗？不，我们最吸引人的是那缕缕暗香！没有栀子花香那么浓烈，没有桂花香那么悠远，但若隐若现、似有似无，让人难以捕捉却又时时沁人心脾。如果你来到我们中间，你会发现自己已经置身于芬芳的香海之中啦！古往今来，喜欢我的人可多啦！触摸着我们略微粗糙的花枝，欣赏着我们五彩缤纷的花瓣，沉浸于我们随处涌动的暗香，谁不会灵感涌现呢？王安石提笔写下了"遥知不是雪，为有暗香来"的千古名句，卢梅坡则泼墨而成"梅须逊雪三分白，雪却输梅一段香"。还有一代伟人毛泽东对我们更是喜爱有加，他的"俏也不争春，只把春来报。待到山花烂漫时，她在丛中笑"，写出了我们的乐观、坚强和壮美，真是令人佩服呀！

我是名副其实的花中君子！在我的身上，有着凌霜斗雪、坚贞不屈、自强不息的高洁品性和崇高气节。这，才是人们欣赏我、赞颂我的原因吧！

我，是一朵小小的梅花，却香满人间！

指导老师：范荣波

有一种花……

赵希希

梅花，没有牡丹的艳丽、高贵，没有菊花的典雅、妖娆，但它有皑皑白雪中"凌寒独自开"的高洁与坚贞。梅花，是一种让人钦佩的花！

梅花开了，远远望去，花海翻腾。走近细瞧，枝上的一个个小花苞，裹着层层花瓣，有的娴静如典雅的仙子，有的调皮似探着脑袋的小顽童……一簇簇，一丛丛，挨挨挤挤，热闹极了！清风拂过，花瓣兴奋地扭动身子，迫不及待地搭上风的列车，一瞬间，落英缤纷，天地间下起了飞舞的花瓣雨。花瓣拂过脸颊，袭来一阵淡淡的花香，让你不知不觉地陶醉在这缕缕暗香里……这，正是被称为"雪中第一花"的梅。

在凛冽的寒冬里，百花黯然凋谢，唯有梅花在努力地萌芽，向上，长大。迎着漫天飘落的雪花，也只有梅花在肆意地怒放，开得那么精神，为冰冷的冬加入了丝丝的暖意。当挺过了寒冬，春风终于来临的时候，梅花却悄悄地谢了。"俏也不争春，只把春来报。待到山花烂漫时，她在丛中笑。"这，就是谦逊的梅花！默默不争春，却清香满人间，留一份美好在人们的心里、记忆里！

古往今来，有多少文人墨客为梅花的精神所折服。浩浩历史之河，又有多少像梅花一样的中国人，让我们敬仰、钦佩。李大钊、杨靖宇、赵一曼、方志敏、刘胡兰……这一个个闪光的名字，如同梅花一般，用铮铮傲骨，挺起了中国人的脊梁！如果说梅花是中华民族精神的象征，那这些英雄们就是中华民族的骄傲！

有一种花，不仅开在冬季里，也开在文人的笔墨中；有一种花，品质高洁，被世人誉为花中君子；有一种花，与风雪共舞，在寒冬给人们送来美丽和清香。它，就是梅花！

指导老师：范荣波

【我写梅花】

请用简短的语段，写一写你心中的梅花吧。

山茶花

你来猜一猜

"东园三月风兼雨，桃李飘零扫地空。惟有此花偏耐久，绿丛又放数枝红。"你们知道这是什么花吗？

我知道，这是山茶花。

其实这个谜语是改自宋代诗人陆游的诗，原诗句是"惟有山茶偏耐久，绿丛又放数枝红"。

宋代时就有诗人为山茶花写诗，那它的栽培历史一定很久了。

是的。山茶原产中国，从宋代开始就在民间盛行，品种不断增加，此后代代相传，主要分布在浙江、江西、四川、重庆、山东等地，深受广大人民的喜爱。你们猜一猜，它是哪些城市的市花呢？

赏读山茶花

山茶花又名山茶、曼陀罗树、宝珠山茶、宝珠花、一捻红等，是四季常青的灌木或小乔木，高可达10米。树皮灰褐色，单叶互生；叶片呈倒卵形或椭圆形，边缘有细锯齿；花多重瓣，有白、红、粉等颜色，是中国十大名花之一。

杜一凡画

山茶花是一个大家族，有传统名种"十八学士"，有香气浓烈的"烈香"，有洁白如雪的"雪塔"，有植物界大熊猫"金花茶"，有生长茁壮的"花露珍"和花形完美对称的"六角大红"……别看这个大家庭种类多，但都是美人胚子，都是千娇百媚、端庄高雅、沉稳内敛的。就拿人人喜爱的"花露珍"来说吧，它穿着鲜红的衣裳，几朵圆圆的、边缘为波浪形的花瓣，乍一看如同一个小花球。

山茶花凌寒坚忍、谨慎孤傲，如同梅花傲雪凌霜一样。但是，与之不同的是，梅花是让人敬佩却又敬而远之的，山茶花却是平易近人的。山茶花傲然开放时，是勃勃生机而温暖的自然美，美丽、纯洁、深沉、低调，这正是山茶花之魂，山茶花之秉性。

山东省青岛市，云南省昆明市，江西省景德镇市，浙江省宁波市、金华市、温州市等都将它作为市花。

（杜一凡供稿）

让我们用"五觉"观察法、体验法，为美丽的山茶花制作一张专属的名片吧！

【经典诗词】

风裁日染开仙囿，百花色死猩血谬。

今朝一朵堕阶前，应有看人怨孙秀。

——［唐］贯休《山茶花》

严寒瑞雪正飘飘，布满乾坤似玉浇。

独见墙头倾赤艳，鲜红几朵破琼瑶。

——［宋］金朋说《山茶花》

【美丽传说】

达布与山茶花

古时候，有个叫达布的妇女，她非常勤劳、善良，特别喜欢花花草草，但一直没有找到自己最喜欢的花。一天，达布到一个水潭去打水，竟然发现水潭里有一株非常漂亮的花的影子！花瓣层层叠叠的，既端庄又典雅。可是，达布却怎么也找不到这朵花。她日思夜想，茶饭不思，竟然生起病来。

眼看达布就要丧命了，她的家里突然来了一位美丽的姑娘，带给她一株和她打水时看到的一模一样的花——茶花！达布一看，病立刻好了！

姑娘走后，达布就把花种在院子里，没过多久，茶花树就长大了，开花了。那株茶花树姿态优美，叶子四季常绿，疏影横斜煞是好看；那一朵一朵花，像牡丹一样灿烂，明艳动人，端庄典雅！每到茶花盛开时，达布都会请村民一起来赏花。而村民无论是用金盆打水，还是去水潭打水，都能在水面看见茶花的倩影，你说奇怪不奇怪？

据说，那个送花给达布的姑娘，就是天上的茶花仙女呢！

【宝贵价值】

《中药大辞典》记载：山茶花味苦、辛，性凉，归肝、肺、大肠经。有凉血止血、散瘀消肿的功用。用于治疗吐血、咳血、衄血、便血、赤白痢以及烧伤、烫伤等。

读写山茶花

【品读佳作】

寻访山茶花

吴泽莹

上课时，老师介绍了山茶花，我便和同学相约去园博园寻访山茶花。我们捧着地图走啊走，终于到了目的地——茶花园。

杜一凡画

山茶花的叶片是椭圆形的，摸起来较厚，颜色偏深绿，让人感觉很沉稳，很低调。可它的花朵却不这么想。你看，这朵花鲜红鲜红的，娇艳欲滴，像是偏跟它的叶较劲似的，要吸引人的目光。低调的绿叶竟也心甘情愿地、默默地去衬托花的艳丽。这看起来有些笨拙的绿叶，边缘竟有着一圈不易被发现却又很锋利的锯齿，这是铁了心要护着它的宝贝——这娇嫩的花吗？

我看着那鲜红的花儿，心中不由得生出疑惑：山茶花的模样如此引人注目，可我在它身边观察、逗留了许久，却未曾闻到一丝气味，难道这山茶花没有气味吗？我再凑近些细细地闻，终于发现有一丝淡得不能再淡的清香，闻起来沁人心脾。山茶的花是多么艳丽，它的香味却如此之淡，淡得出尘绝世，淡得与世无争，与它的花朵真是天差地别呀！

这么美好的山茶花，怎会不在人们的心中留下美好的印记呢？自古以来，山茶花曾在许多古诗词中留下了痕迹。如宋代诗人陆游曾写过"山茶花下醉初醒，却过西村看夕阳"，明代书画大师沈周也写过"空林古寺叶满池，墙角仅见山茶花"。看来，山茶花不仅惊艳了我，还惊艳了许许多多的人呢！

山茶花，认识你是我的荣幸！

指导老师：肖艳芳

【我写山茶花】

请用简短的语段，写一写你心中的山茶花吧。

桃花

你来猜一猜

　　唐代诗人杜甫是一位爱花之人，你们还记得他在《江畔独步寻花》第五首中寻到了哪种花吗？

　　我知道。"桃花一簇开无主，可爱深红爱浅红。"一株热烈开放的桃花树吸引了诗人杜甫驻足观赏。

　　我也喜欢桃花，更喜欢桃花凋谢后结出的甜滋滋的桃子。尤其是水蜜桃，我想起来就垂涎欲滴。

　　哈哈，你看起来好像要流口水了！

　　喜欢桃花的人很多。每年的3月到6月，各地会以桃花为媒，举办不同的桃花节盛会。你们猜一猜，有哪些城市是以桃花为市花的呢？

赏读桃花

桃树是落叶小乔木，能长到3～8米高。树叶互生，叶子中部以下最宽，上部渐渐变得狭长，呈椭圆状至披针形，边缘有细锯齿，两边无毛。花通常单生，有花瓣5片，呈椭圆形；也有重瓣的桃花，花瓣层层叠叠，错落有致。

潘恩淇画

桃花因种类不同，颜色也不同：白碧桃的花纯白如雪，花枝褐色带绿斑；撒金碧桃的花白中夹红丝，更有红白各一半，嫩黄的花粉点缀在花蕊处，仿佛撒上了一层金粉，在阳光下熠熠生辉；还有的桃花是粉红色，或者接近红色，难怪文人雅士都喜欢用桃花来比喻少女绯红的脸庞。

桃花的香味淡淡的，轻轻地凑近，一丝丝的清香中带点甜味，让人忍不住多闻。飞落到掌心的花瓣非常轻薄，如蝉翼般，用指尖触摸花瓣，犹如婴儿娇嫩的肌肤。

我国是桃花的故乡，早在3000多年前，人们就将野桃树进行人工栽培，分为果桃和花桃。在历史上，桃花有很多雅称，比如阳春花、玄都花、武陵色、芳菲等，是很多文人墨客描绘春天时不可缺少的景物之一。

浙江省奉化市，湖北省仙桃市、安陆市等城市都把桃花作为自己的市花呢！

请你也动手制作一张关于桃花的记录卡，并用"五觉"观察法、体验法填写吧！

传统文化

【经典诗词】

桃花尽日随流水，洞在清溪何处边。

——［唐］张旭《桃花溪》

人间四月芳菲尽，山寺桃花始盛开。

——［唐］白居易《大林寺桃花》

满树和娇烂漫红，万枝丹彩灼春融。

——［唐］吴融《桃花》

【美丽传说】

桃奴

古时候，有一位痴爱桃的人，其名叫陶桃。他在家门口种了300多棵桃树，每天细心照顾它们。当地人很好奇，陶桃为什么不娶妻生子呢？他指着那300多棵桃树满足地说："桃花就像我的妻子，桃子就是我的儿子，我哪里还需要娶妻生子呢？而且如果有了妻儿，我还要用一生心血去养他们，那我就成了妻子和孩子的奴隶。而我现在喜欢当桃树的奴隶。"从此，陶桃便自称"桃奴"。陶桃虽然没有家庭之乐，但是他有鲜艳美丽的桃花和满树的桃子相伴，每天都很快乐。后来，陶桃去世了，当地人感叹他对桃的痴迷，所以就在桃园里为他修建了一座名为"桃奴祠"的草庵。

【宝贵价值】

据《中药大辞典》介绍，桃花味苦，性平，归心、肝、大肠经。具有利水通便、活血化瘀的功用。主治小便不利、水肿、痰饮、沙石淋、脚气、便秘等疾病。《神农本草经》中说："令人好颜色。"可见桃花还有美容养颜的功效。

 读写桃花

【品读佳作】

桃花朵朵开

王志丰

"桃之夭夭，灼灼其华。"循着声音，我抬头望去，看见荔枝公园的一块草坪上，几棵桃树开满了花，引来人们驻足观赏，拍照留念。

我连忙拉起妈妈的手跑过去，想近距离欣赏桃花盛开的美。当我走近细看，发现满树的桃花有粉红的、绯红的、深红的……像一片灿烂的云霞，绚丽至极。有的含苞欲放，像急于来到这个世界上的小宝宝；有的才展开两三片花瓣，像个羞涩的小姑娘；有的花瓣全展开了，露出一张可爱的笑脸；有的两三朵簇拥在一起，好像正在说悄悄话。

微风吹过，一阵阵桃花的清香，钻入我的鼻孔，扑进我的心里。我情不自禁地伸手摸了摸桃花，它的花瓣软软的，毛茸茸的，感觉像柔滑的丝绸。我轻轻摇动花枝，一片片花瓣像一只只彩蝶轻轻盈盈地飞下来。不一会儿，绿油油的草

坪就被铺上了一层粉色的地毯。"妈妈，我们带些回去制作桃花茶吧。"我迫不及待地捡起一片片花瓣说。"好啊，我也喜欢它淡淡的甘甜。"妈妈笑着点点头。

桃花不仅好看，还具有药用价值呢！我小时候就听妈妈说，桃花可以活血化瘀、祛斑增白、润肤悦色，还可以治疗皮肤瘙痒、浮肿腹水。它真是集"美貌与才华"于一身啊！

"桃之夭夭，灼灼其华。"桃花不仅美了世间，也美了容颜，难怪会有那么多诗人赞美它。

指导老师：林晓云

桃花

符梦哲

有的人喜欢"花中之王"牡丹，有的人喜欢"花中皇后"月季，还有人喜欢"花中君子"荷花，我却喜欢娇艳欲滴的桃花。

爷爷家的院子里有几棵桃树，每年一到三月就会如期盛开，我也会准时回去欣赏它们的美。刚走到门口，就有一阵阵清香扑鼻而来，让人神清气爽。我迫不及待地推开大门，哇，粉红色的世界立刻呈现在我的眼前，仿佛是一片晚霞被风吹到了院子里。

严熙滢画

我飞快地跑到桃树下，围着桃树不停地转圈，看看这枝，看看那枝，嘴里不停地说："都开了，太美了！爸爸，妈妈，你们快来看呀！"

仔细看这些桃花，有的是深粉色的，有的是浅粉色的，有的还带着点紫色，还有一小部分是白色的，和杏花的颜色差不多，无论什么颜色都很漂亮。看，它们一团团、一簇簇，挨挨挤挤的，都争着抢着让我欣赏它们的风姿呢！有的只开了两三片花瓣，像害羞的小姑娘半遮着脸在偷看；有的花瓣全展开了，露出粉红色的花蕊，像顶着小黄帽在欢快地舞蹈；有的还是花骨朵，含苞待放，看起来好像马上就要爆裂。这些桃花姿态各异，但不管是哪一种姿态都很迷人，让我看得不愿离开。

一阵风吹来，我感觉我的身体一下子变轻了，仿佛变成了一只蝴蝶飞到桃树上，一会儿飞到这朵上，一会儿飞到那朵上，和桃花姐姐聊天，她们告诉我怎样展现自己的美。这时，几只小蜜蜂也飞过来凑热闹，它们说桃花的花美，花香，蜜也甜……

突然，我听到远处传来妈妈的呼唤："梦梦，吃饭了！""梦梦是谁？啊，不就是我嘛！"这时我才记起我不是蝴蝶，我不是在看桃花吗？

【我写桃花】

请用简短的语段，写一写你心中的桃花吧。

水仙花

你来猜一猜

元代诗人杨载写过一首诗："花似金杯荐玉盘，炯然光照一庭寒。世间复有云梯子，献与嫦娥月里看。"你们猜猜，诗中描写的是什么花？

我想起来了，清朝的康熙皇帝也写过一首诗："翠帔缃冠白玉珈，清姿终不污泥沙。骚人空自吟芳芷，未识凌波第一花。"这两首诗写的是同一种花。

被称为"凌波第一花"，而且"花似金杯荐玉盘"，这是水仙花吧！

哈哈，说对了！水仙花正犹如凌波仙子踏水而来啊。

我知道水仙花的花语：一是想念、思念；二是吉祥、如意。"默默奉献、奋发向上"是它特有的高贵品质。它又是哪座城市的市花呢？

赏读水仙花

水仙又名金盏银台、俪兰、女星、女史花、姚女花、玉玲珑、雪中花、天葱、雅蒜。水仙的品种主要有四类：中国水仙、喇叭水仙、丁香水仙和仙客来水仙。水仙属植物地下部分具肥大的鳞茎，多为卵圆形或球形，并有明显的颈部，外被不同深浅的褐色膜质鳞片。叶基生，带状、线状或近圆柱状，多呈二列状互生，绿色或灰绿色。花单生或顶生伞形花序；黄色、白色或晕红色，侧向或下垂开放。花被 6 片，基部合成不同深浅的筒状，花冠呈高脚碟状或喇叭状，花被中央有联杯状或喇叭状的副冠，为水仙属分类的依据。

瞿若天画

每年春节之前，把水仙花的鳞茎放在盛满水的瓷盘中，用不了几天，就可以看到水仙花的叶子长到了十几厘米高，绿茵茵的叶子簇拥在一起，是那么的迷人，那么的生机勃勃。一个个花骨朵只有黄豆大小，外面被一层像蜡纸一样的外皮包住。又过了几天，花儿终于顶破了像蜡纸一样的外皮，白色的花瓣渐渐伸展，露出黄色的花蕊。绿叶托着白花，显得素洁优雅，超凡脱俗。

水仙花不仅美丽，而且芳香四溢。我们常用它庆贺新年，当作年宵花。人们采摘水仙的花，鲜用或晒干，经提炼可调制香精、香料；还可以配制香水、香皂及高级化妆品。水仙花真是名副其实的"花仙子"呀！

作为中国十大传统名花之一，水仙花被福建省漳州市选为市花。漳州水仙鳞茎硕大、箭多花繁、色美香郁，因此有"天下水仙数漳州"的美誉。

（王志丰供稿）

请你也动手制作一张关于水仙花的记录卡，并用"五觉"观察法、体验法填写吧！

【经典诗词】

水中仙子来何处，翠袖黄冠白玉英。

——［宋］朱熹《用子服韵谢水仙花》

借水开花自一奇，水沉为骨玉为肌。

——［宋］黄庭坚《次韵中玉水仙花二首（其一）》

仙风道骨今谁有，淡扫蛾眉簪一枝。

——［宋］黄庭坚《刘邦直送早梅水仙花（其一）》

【美丽传说】

水仙花的故事

一天，一位面黄肌瘦，饥饿难耐的乞丐沿途乞讨，来到一位福建园山的农妇家门前时，已经奄奄一息。这位心地善良的农妇见状急忙端来一碗粥水给他，含泪说："家中生活困难，您先喝口粥暖暖身子吧。"正因为有了这碗粥水，乞丐才缓了过来。他离开时，偷偷将刚才喝的粥水喷在了农妇家的四周。冬去春来，农妇惊奇地发现自家周围开出了一种花，叶子细长，花瓣六朵，露出金黄色花蕾，散发着淡淡清香。农妇给花取名"水仙"，并把它拿到集市上去卖，备受欢迎，她家的日子也一天天好起来。

【宝贵价值】

《中药大辞典》记载：水仙花味辛，性凉。具有清心悦神、理气调经、解毒辟秽之功效。主治神疲头昏、痢疾、疮肿等疾病。

 读写水仙花

【品读佳作】

我是水仙花

朱晟文

"根茎叶子像青蒜，亭亭玉立水中站，头顶白花一仙子，浓浓香气满屋子。"

聪明的小朋友一定能猜到我是谁。没错，我就是水仙花。

此刻，我站在一个漂亮的小水盆里，低头一看，清澈的水面倒映出我的身影。从下往上看，肥大的茎像一颗大蒜头，一条条弯弯曲曲的须根像老爷爷的白胡须，碧绿碧绿的长条形叶子像韭菜叶子，又像青蒜叶子。我的脸呢，我情不自禁地抚摸了一下自己娇嫩的脸。啊！不知什么时候，我绽开了六瓣白玉般的花瓣，薄得吹弹可破，还戴着一顶鹅黄色的小皇冠，犹如一位亭亭玉立、落落大方的小公主。我嗅了嗅，发现自己散发着一阵阵淡淡的清香。怪不得人们都亲切地唤我"凌波仙子"。

难道这就是"惊喜"？我不由得想起十天前，那时，我在迎春花市里，顶着浅绿色的小圆脑袋。我看看四周，这边是蝴蝶兰姐姐，纤细的身躯上满是紫红色的"小蝴蝶"。那边是娇艳欲滴的玫瑰小姐，吸引了小虫和她说悄悄话。我孤零零地站在水里，心里想：谁会带这样的我回家呢？我正低头叹气，此时有一家人向我走来。一位小男孩的妈妈提议道："我们买水仙花吧。"小男孩瞟了我一眼，说："买这个大蒜回去干什么？"妈妈笑着说："你可别小瞧它，只需一盆清水，过几天，它就会给你带来惊喜。"

程心蕾画

"妈妈，妈妈，水仙花开了！"小男孩激动的声音把我吓了一大跳，我赶紧抬起头。男孩的妈妈看着我，微笑着说："孩子，这是不是惊喜呢？"小男孩使劲地点头。妈妈接着说："水仙花不仅好看，还可以入药呢。它能清热解毒、清心凝神、祛风除湿，还能治疗脓肿类的皮肤病、风湿病，具有调节神经系统的功能。"

我听着听着，骄傲地昂起了头。

指导老师：林晓云

【我写水仙花】

请用简短的语段，写一写心中的水仙花吧。

木芙蓉花

你来猜一猜

　　同学们，今天老师给大家出一则字谜，请听谜面："夫戴青草帽，花下看相貌。"谜底是两个草字头的字。

　　我知道，谜底是"芙蓉"。"夫戴青草帽"就是一个"夫"字加个草字头，是"芙"字；"花下看相貌"中的花是植物，与草字头相关，"相貌"又称"容貌"，草字头加"容"就是"蓉"字。

　　说得对，解释得也很好！看来字谜难不倒你啊！

　　老师，我也会猜字谜。我还知道木芙蓉的花语，是纤细之美。

　　同学们都很聪明。那么请大家猜一猜，木芙蓉花是哪些城市的市花呢？

赏读木芙蓉花

木芙蓉花又名芙蓉花、拒霜花、木莲等，原产中国。木芙蓉花最常见的颜色有桃红色、白色、大红色、黄色等。有一种叫"醉芙蓉"的木芙蓉花，一天中能变三种颜色：早晨为白色，中午为桃红色，到了傍晚又变成了深红色。因此人们也称

刘阳画

其为"三醉芙蓉"。更有一种叫"弄色芙蓉"的木芙蓉花，能一天变一种颜色：第一天是白色，第二天就变成黄色，第三天则变为浅红色，到了第四天竟然变成了深红色，等到花朵快要凋落时则为紫红色。

木芙蓉喜欢生长在温暖湿润、阳光充足的环境中，对土壤的要求不高。木芙蓉的花朵美丽娇艳，但是并不娇气，只要有阳光、水分，再贫瘠的土壤它也能傲然绽放。木芙蓉花美丽的外表之下更有一颗奉献的"心"，它不仅是漂亮的园林观赏植物，而且全株可以入药，还能在水土保持、空气净化中贡献一份力量。木芙蓉花所代表的纯洁美人、高洁君子的精神品质更是其美的核心所在。

木芙蓉花不仅好看，而且容易种植，江苏省江阴市和四川省成都市都将它作为市花。成都市还被称为"芙蓉城"，简称"蓉城"。

为了更直观地认识木芙蓉花，请你动手制作一张关于木芙蓉花的记录卡，并用"五觉"观察法、体验法填写吧！

 传统文化

【经典诗词】

新开寒露丛，远比水间红。

——［唐］韩愈《木芙蓉》

千林扫作一番黄，只有芙蓉独自芳。

——［宋］苏轼《和陈述古拒霜花》

堪与菊英称晚节，爱他含雨拒清霜。

——［明］吴孔嘉《木芙蓉》

【美丽传说】

芙蓉城的由来

五代十国的后蜀定都成都。当时的城墙还是土墙，而成都雨水较多，城墙很容易被雨水冲塌。高祖皇帝孟知祥为了保护城墙，就命人在城墙上种满木芙蓉。木芙蓉的地上部分枝叶茂盛，可以遮挡雨水对土墙的直接冲刷，而它的根系又特别发达，能牢牢抓住土壤，从而起到固土的作用。

到了每年农历十月，成都便"四十里芙蓉如锦绣"，整个城市好像处在花海之中，美不胜收。从此，人们便把成都称为"芙蓉城"。

【宝贵价值】

《中药大辞典》记载：木芙蓉花味辛、微苦，性凉，归肺、心、肝经。有清热解毒、凉血消肿的功效。主治肺热咳嗽、咯血、目赤肿痛、腹泻、腹痛、痈肿、疮疖等疾病，还可以治疗毒蛇咬伤、水火烫伤、跌打损伤等。

【品读佳作】

种一株木芙蓉吧

罗昕瑞

成都又名"蓉城"，这里的人都爱木芙蓉花，街道旁、公园里、家庭小院中，处处都能看见木芙蓉花。

那一棵棵木芙蓉树，碧绿的叶子像手掌。一阵微风吹过，发出"唰啦、唰啦"的响声，好像在向人们打招呼。你可别小看这普通的绿叶哦，它可是治疗腮腺炎的良药呢。妈妈说，她小的时候得了腮腺炎，大人便将木芙蓉的叶子捣碎敷在她脸上，很快就好了。这真是一种神奇的叶子啊！

木芙蓉花绽放时，从远处看如锦如绣。那一片片会变色的木芙蓉花瓣，一层叠着一层，鲜艳的花瓣拥着一团嫩黄的花蕊，煞是好看。木芙蓉花含有花青素，在不同时间和不同温度下，会像时装模特一样不停地换衣服，时而白如初雪，时而红如烈火，时而粉如桃花……

人们不仅喜爱木芙蓉花美丽的外表，更赞赏它那顽强的生命力。三伏天，木芙蓉昂首挺胸，站在炎炎烈日下，丝毫不畏惧，还是那么富有活力。看着它，人们感觉生命是那么有力量，小小的生命也可以焕发无限的光彩。

年轻人，种一株木芙蓉花吧！

指导老师：宋妍霖

木芙蓉花

李沂恩

在山坡上，在田野间，在公园里都会看到一朵朵美丽的木芙蓉花开放在枝头。翠绿的叶子托着云朵似的花，像一个个美丽的仙子，风姿绰约、仪态万千！

美丽的木芙蓉花不仅美化了城市，更美化了我们祖辈的生活：爷爷告诉我，以前农村哪家孩子被开水烫伤或者被火烧伤，就会用木芙蓉花瓣熬成药膏敷在伤处，很快就会结痂；哪家孩子肺热咳嗽了，用木芙蓉花瓣熬水喝，用不了几天就会痊愈。

木芙蓉花是幸福的，开在秋天的草坪上，有秋虫歌唱；开在清澈的小溪边，有溪水浇灌；开在我们学校的操场上，有小学生为它朗读……

木芙蓉花，你是天上的仙女吗？那么纯洁，那么高尚。每天清晨，你绽开笑脸与小草谈心；中午，你抬头仰望太阳，享受着温暖的阳光浴；夜晚，你低头吟唱催眠曲，陪伴辛劳一天的人们进入甜蜜的梦乡……

这天清晨，我走进校园，抬头便看见宋老师正站在花坛边给木芙蓉浇水呢。她穿着鲜红的裙子，微笑地看着面前的木芙蓉花。这就是木芙蓉仙子的化身吧！她带着知识来到我们身边，教我们算数、写作、画画……

啊！木芙蓉花，我爱你，爱你的绚丽多姿，爱你的纯洁无瑕！你默默装点着我们的学校，也照亮了每个人的心扉。

指导老师：宋妍霖

【我写木芙蓉花】

请用简短的语段，写一写你心中的木芙蓉花吧。

迎春花

你来猜一猜

远看蝴蝶翩翩飞，近瞧花朵满枝缀。叶片小，花儿黄，迎来春天惹人醉！你们知道这是什么花吗？

这可难不倒我。叶片小，花儿黄，开在春天的是迎春花。

迎春花是中国常见花卉之一，因为在早春绽放，所以人们把它与山茶花、水仙花、梅花统称为"雪中四友"。

迎春花先开花后长叶，大多为金黄色，外有红晕，有淡淡的清香，所以人们也称它金梅花、黄素馨、金腰带。

迎春花产于我国的甘肃、陕西、四川、云南西北部、西藏东南部等地，栽培历史已有一千多年。你们猜一猜，它是哪些城市的市花呢？

赏读迎春花

迎春花又名金梅花、黄梅花、阳春柳等。它是春天的使者，冒着严寒悄然开放，把春天的信息带到人间。人们喜欢迎春花，是因为它身上有着朴实、坚韧的美好品格。

朱子琳画

迎春花开在细长的枝条上，花形不大，有单瓣的品种，也有重瓣的品种。单瓣的每朵花有五六片花瓣，花瓣中间露出细长的花蕊。迎春花的花瓣摸起来柔软平滑。

盛开的迎春花金灿灿的，在月牙儿似的小小绿叶的衬托下，格外迷人。有些花还是花骨朵，翠绿的萼片包裹着带点红晕的花瓣，花瓣又牢牢地包裹着花蕊，藏在花丛中，就像一个个害羞的小姑娘。

迎春花不但美丽，还散发着迷人的清香。听说迎春花的叶能消肿，花能解暑，我摘下几朵迎春花放在口中嚼了嚼，不禁皱起了眉头，满嘴都是苦涩的味道，一点儿也不好吃。

微风中，迎春花一边舞蹈，一边奏响了春的序曲——沙沙沙，沙沙沙……

因为迎春花秀丽端庄，适应性强，不畏严寒，不择土壤，所以历来为人们所喜爱。河南省鹤壁市和福建省三明市都将迎春花作为市花。

（陈雅玥供稿）

指导老师：黄会敏

为了更直观地认识迎春花，请动手制作一张关于迎春花的记录卡，并用"五觉"观察法、体验法填写吧！

【经典诗词】

金英翠萼带春寒，黄色花中有几般。
恁君与向游人道，莫作蔓菁花眼看。

—— ［唐］白居易《玩迎春花赠杨郎中》

覆阑纤弱绿条长，带雪冲寒折嫩黄。
迎得春来非自足，百花千卉共芬芳。

—— ［宋］韩琦《迎春》

轻黄不似首春时，果是青青但此枝。
欲识花无与花有，且言春去竟何之。

—— ［明］曹于汴《迎春花》

【美丽传说】

迎春姑娘报春

很久很久以前，冬末春初之际，花神召集百花商议事情。花神问道："你们中有谁愿意在这天寒地冻、北风呼啸的季节，到人间去向人们预告春天？"百花沉默不语。这时，有一位身穿鹅黄色裙子的小姑娘站了出来，娇羞而自信地说道："让我去，好吗？"花神同意了她的请求，并送给她一个美丽的名字——迎春。于是，这位小姑娘不畏严寒，只身来到人间，告诉人们春天即将到来的消息，并将美好的祝愿播撒人间。

【宝贵价值】

《中药大辞典》记载：迎春花味苦、微辛，性平。具有清热解毒、活血消肿的功用。主治发热头痛、咽喉肿痛、小便热痛、恶疮肿毒、跌打损伤等。

读写迎春花

【品读佳作】

我爱迎春花

王润琦

有的人赞美出淤泥而不染的荷花，有的人歌颂傲霜挺立的菊花，有的人欣赏国色天香的牡丹，有的人钟爱婀娜多姿的玫瑰，而我却唯独喜欢悄悄带给人暖意的迎春花。

迎春花的名字听起来就给人以希望和美好。早春二月，当百花还在沉睡，迎春花就不畏寒意偷偷地绽放，迫不及待地来点缀这世界，好像生怕耽误了人们踏春的美好心情。起初，它只是星星点点，好似傍晚时刚刚挂到天上的小星星，没几天就酷似满天的繁星了。

我的家在千佛山脚下，一进千佛山公园的大门就能看到路两边一簇簇的迎春花，远远望去像一团团黄色的云朵，缀满花朵的枝条垂下来，像戴着满头黄花的小姑娘。走近一看，它又像一群向人鞠躬的小绅士，在欢迎我们游园。每一朵迎春花都有五六片花瓣，纤细的花蕊格外引人注目，像藏在花瓣里的小天使，探头探脑地观察着这个世界。微风吹来，迎春花翩翩起舞，散发出一阵阵淡淡的清香，似乎在演奏春天的乐曲，告诉人们春天来了。

我喜欢迎春花。乍暖还寒时它悄然开放，百花争艳时它默默离开。"高楼晓见一花开，便觉春光四面来"，描写迎春花的诗句并不多，我尤其喜欢这两句。见一叶而知秋，见一

花而知春，迎春花就是春天的使者，它不张扬，不艳丽，却带给人无限的希望。

春天来了，迎春花在努力绽放，美好和幸福也如约而至了。

迎春花

方乔伊

寒假即将结束的一天早上，爸爸带我来到了公园。

走进公园，我们眼前出现了一大片漂亮的花儿。它们在寒风中形成了一片金黄色的海洋。这是什么花呢？爸爸说："这是迎春花。它们只在春天将要来临的时候开放，所以它一开花，人们就知道春天要来了。"

我不禁望向那一片花海。它们有的还是花骨朵，却在努力地成长，希望能早点像哥哥姐姐那样漂亮；有的花瓣还没有完全展开，但是脸上挂着幸福的微笑，努力伸展着纤细的腰肢；有的花瓣全展开了，露出果冻般淡红的花蕊，自信地展现着自己的美。

虽然春寒料峭，但是这些淡黄的花儿孕育了多少春的希望啊！

看着这些迎春花，我不禁摆动双臂，加快了脚步。在这个仍透着寒意的早晨，我也想做一朵不畏寒冷、自信美丽的迎春花！

指导老师：王黎明

【我写迎春花】

请用简短的语段，写一写你心中的迎春花吧。

刺桐花

你来猜一猜

我要请一位同学给大家读一读南宋诗人王十朋写的《刺桐花》。

初见枝头万绿浓，忽惊火伞欲烧空。花先花后年俱熟，莫遣时人不爱红。

写这首诗时，王十朋在泉州当郡守。在他之前，有一位作为廉访使到泉州的丁谓，因为相信刺桐先萌芽后开花则是丰年的说法，便很希望先看到刺桐的青叶，于是写下一首诗："闻得乡人说刺桐，叶先花发始年丰。我今到此忧民切，只爱青青不爱红。"

这两首诗的期望完全相反啊！

王十朋和丁谓的愿望相同，只是他不相信那些说法罢了。其实他们都是爱民如子的公仆。你们猜一猜，被古人如此争论的刺桐花是哪些城市的市花呢？

赏读刺桐花

刺桐花是总状花序顶生，长 10 ~ 16 厘米，花朵密集，成对生长。花萼为佛焰苞状，长 2 ~ 3 厘米，口部偏斜，一边开裂；花冠为红色，长 6 ~ 7 厘米。

罗然画

每当刺桐花开花时，那一串串盛开的花朵像一团团燃烧的火焰，又像天边的红霞，美丽极了。有人用"火光冲天"形容那花开的盛况。

我仰头看着那高大的刺桐，细细打量起来。刺桐的花层左右对称，大如手掌，像一串串熟透的红辣椒。走近一看才发现，每簇花上又有一小朵形状酷似小孩的小手指的花瓣。轻轻触摸那小花瓣，滑滑嫩嫩的，我担心花瓣在我手里待久了就会融化。凑近闻一闻，这么可爱的花儿竟没有香味，让人有点意外。它虽然没有香味，但盛开时艳丽火红，像一个朝气蓬勃的少女，令人赏心悦目。

刺桐花的花语是坚贞不屈，寓意红红火火、吉祥富贵。因为对刺桐花的喜爱，福建省泉州市和黑龙江省大庆市都将它作为市花。

泉州城里自古就生长着许多刺桐花，有"刺桐城"或"桐城"之称。因为这里依山面海，风光如画，所以被古人盛赞为"山川之美为东南之最"。早在6世纪的南朝，泉州就成为海外贸易的重要港口。元代时，马可·波罗在他的《东方见闻录》中，以自己看到的情况，认为当时的泉州港比埃及的亚历山大港更为繁荣，因此泉州港也被称为"刺桐港"。

（马成安供稿）

快来动手制作一张关于刺桐花的记录卡，用"五觉"观察法、体验法走近刺桐花吧！

 传 统 文 化

【经典诗词】

南国清和烟雨辰，刺桐夹道花开新。

——［唐］王毂《刺桐花》

海曲春深满郡霞，越人多种刺桐花。

——［唐］陈陶《泉州刺桐花咏兼呈赵使君》

闽海云霞绕刺桐，往年城郭为谁封。

——［宋］吕造《刺桐城》

【美丽传说】

刺桐花的传说

阿根廷人普遍喜欢刺桐花。这可能与当地的一个古老传说有关：相传，很久以前阿根廷的很多地方常常遭受水灾，可是有一件事非常奇怪，只要有刺桐的地方，就不会被洪水淹没。因此，当地百姓就到处种植刺桐树。每年元旦，阿根廷人都要将许多新鲜的刺桐花瓣撒向水面，然后跳入水中，用这些花瓣搓搓自己的身体，以表示洗去以往的污垢，得到新年的好运。

【宝贵价值】

《中药大辞典》记载：刺桐花主治金疮，止血。

【品读佳作】

火红娇艳的刺桐花

李佳佳

每当春姑娘到来时，小区里就会盛开洁白的李花，蝴蝶似的杜鹃花，小灯笼似的红绒球……可谓是百花齐放，争奇斗艳。而我最喜欢的是学校后面笔架山公园里美丽的刺桐花。

有人说："四月不到笔架山公园看刺桐花，是深圳人的一件憾事。"可见笔架山公园里刺桐开花时的壮丽景象有多么吸引人。

走在去笔架山公园的路上，映入我眼帘的是一棵棵刺桐树，树上开满了火红火红的花朵。它们你不让我，我不让你，竞相绽放。满树的花是那么娇艳，那么夺目，把笔架山装扮得更加漂亮，也吸引了无数游人到这里来游玩。四月的笔架山因此更加热闹了。

我再走近些，只见刺桐花一团团，一簇簇，颜色极其鲜艳，好像一串串的红鞭炮。那小花又有各种不同的姿态。有的花瓣全展开了，自信地把最好的一面展示给人们；有的花瓣半开着，显得有点儿羞涩；有的还是花骨朵，正在养精蓄锐，等待时机傲然怒放。

听了我的介绍，刺桐花有没有吸引到你呢？快来和我一起欣赏吧！

指导老师：张惠彬

【我写刺桐花】

请用简短的语段，写一写你心中的刺桐花吧。

茉莉花

宋朝诗人江奎有诗云："虽无艳态惊群目，幸有清香压九秋。应是仙娥宴归去，醉来掉下玉搔头。"大家猜一猜，这首诗写的是哪种花？

我知道，是茉莉花。我妈妈有一支发簪，簪头就是一朵茉莉花，小巧精致，好看极了。

我妈妈喜欢喝茉莉花茶。她说茉莉花茶芳香持久，清甜可口，经常喝可以美容养颜、清新口气，还能预防疾病。

茉莉花有较高的观赏价值，还可以用来提取芳香精，是制作香脂、香精和浸膏的重要原料。

好看，好喝，还有用！这么好的茉莉花，会是哪座城市的市花呢？

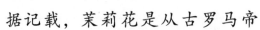
赏读茉莉花

茉莉又名末利、抹厉、没利、没丽等，是直立或攀缘灌木，高可达 3 米。单叶对生，叶片呈圆形、卵状椭圆形。花冠白色，极其芳香。

茉莉花适合种植在温暖湿润和阳光充足的地方，是人们常见且非常喜爱的芳香性盆栽花木。

黄炜玲画

据记载，茉莉花是从古罗马帝国，经海上丝绸之路运达印度之后，再随着印度佛教传入中国的。唐朝时，茉莉花还只是供人观赏；到宋朝，人们开始用茉莉花泡茶；到了明清两朝，茉莉花茶就商品化了。

茉莉花在我国有 60 多个品种，主要有单瓣茉莉，又称尖头茉莉，植株较矮小，单层花冠，花蕾小巧稍尖；有双瓣茉莉，又称多头茉莉，比单瓣茉莉植株高，茎枝较粗硬，花蕾卵圆形，顶部较平；还有多瓣茉莉，耐旱性强，花朵香气较浓，产量较少。其中双瓣茉莉花瓣多，花香浓，易于栽培，产量高，是我国目前各地种植的主要品种。

茉莉花以其纯洁的颜色、独特的花香，深刻影响着中国人的生活、思想、艺术、文化等方面。茉莉花不仅出现在诗词文章中，也被编成歌曲广为传唱。其中最为经典的就是扬州民歌《好一朵美丽的茉莉花》。在当代，这首扬州民歌不仅出现在我国各个重要场合，在国外也有多个版本。

茉莉花是我国福建省福州市的市花。

请大家动手制作一张关于茉莉花的记录卡，并用"五觉"观察法、体验法填写吧！

传统文化

【经典诗词】

灵种传闻出越裳，何人提挈上蛮航。

他年我若修花史，列作人间第一香。

——［宋］江奎《茉莉花二首（其一）》

暮春郁绽茉莉花，玉骨冰肌影香纱。

天赋仙姿柔枝翠，月夜清辉赏雪花。

淡雅轻盈香韵远，君子世人品更夸。

花馥茶美称上品，药食同源茉莉花。

——［清］郑金昌《晨沐朝阳》

【美丽传说】

茉莉花名字的由来

传说，苏州的茶农赵老汉从南方带回一捆"香花"树苗种在大儿子的茶田边。后来，这些树上开出了香味很浓的小白花，让整个茶田的茶叶都浸染了花香。大儿子采摘茶叶到苏州城里去卖，没想到这被小白花的香气浸染过的茶叶大受欢迎，大儿子由此发了大财。

两个弟弟得知后，认为哥哥的财富是父亲种的香花所带来的，想要平分卖茶叶的钱，哥哥却不愿意。就这样，兄弟三人产生了矛盾。

后来，乡里德高望重的老人戴逵语重心长地教育三兄

弟，不要为了眼前的一点点利益，闹得兄弟失和，还给花儿起了个名字——"末利"花，告诫三兄弟为人处世要把个人私利放在末尾，这样才能兄弟和睦，过上好日子。

从那以后，赵家三兄弟团结和睦，努力种植香花，日子果然过得一年比一年富裕。

【宝贵价值】

《中药大辞典》记载：茉莉花味辛、微甘，性温，归脾、胃、肝经。具有利气开郁、辟秽和中的功效。主治泻痢腹痛、胸脘闷胀、头晕、头痛、目赤肿痛等。

 读写茉莉花

【品读佳作】

平凡却不平庸

梁含章

周敦颐爱莲"出淤泥而不染，濯清涟而不妖"；陶渊明爱菊"秋菊有佳色，裛露掇其英"；郑板桥爱竹"千磨万击还坚劲，任尔东西南北风"；而我最爱的是"芬芳美丽满枝丫，又香又白人人夸"的茉莉花。

茉莉花生得白，白得干净，白得纯洁，活像花丛中反季节的雪，一不留神还会让人以为是王安石笔下的"梅"——遥知不是雪，为有暗香来。

王安石的梅花是暗香，而我的茉莉是明香，明目张胆的香。梅花清香淡雅，傲骨凌霜，颇为清高，适合文人墨客观赏吟诗赋颂，高贵得很。而茉莉花芳香馥郁，香气弥漫在空气中，可以传到十里八乡，十分有亲和力。这香沁人心脾，

很是浓烈。而且它还可以提神醒脑、消除疲劳，乡村里的劳动妇女闻着花香，哼唱着"好一朵美丽的茉莉花……"，似乎干多少活儿都不会累。

茉莉花，有的长在树上，芳香四溢还附赠一片荫凉；有的栽在盆中，小巧玲珑香满室，还装饰房间一片白。茉莉花的花瓣近似圆形，小巧可爱。由于它总是最中间的先开放，再到两侧生长，所以茉莉花是一簇挨着一簇，花瓣也是一层包着一层，最中间的总是被护得严严实实，像极了兄弟姊妹们抱着刚出生的小妹妹。

茉莉花不仅美丽芬芳，还可以食用，最常见的就是泡茶。"窨得茉莉无上味，列作人间第一香。"茉莉花茶醇厚爽口，茶香馥郁。除泡茶外，它还可以和冬瓜一起煲汤，清热解毒。它对经济也是有贡献的，能做成茉莉精油、香料、肥皂、香油等。

茉莉花是平凡的，没有梅的凌霜傲骨，没有兰的孤芳自赏，没有菊的淡泊明志，但它不平庸。它不像大多数的花被插在花瓶里，止步于装点生活。它开在山野里，开在公园里，开在庭院里，开在道路边，开在田野里……

一朵小小的茉莉花都大有作为，何况人呢？希望我们都能像茉莉花一样，不一定耀眼，但一定要有用；不一定出众，但一定不能平庸！

指导老师：朱环

【我写茉莉花】

请用简短的语段，写一写你心中的茉莉花吧。

杜鹃花

你来猜一猜

你知道吗？早在古代，文人墨客就非常喜欢花，还评选出了十大名花，给它们取了各种雅号。比如万花之王、花中君子、花中西施……你们知道杜鹃花的雅号是什么吗？

我知道！白居易曾经写过："闲折两枝持在手，细看不似人间有。花中此物似西施，芙蓉芍药皆嫫母。"所以杜鹃花当然是花中西施啦！

我爷爷种了好几盆杜鹃花呢。老师，我如果也想养，应该怎么做呢？

杜鹃花有多种繁殖方式，常见的有播种、压条和扦插。杜鹃花很好养活，是一种生命力旺盛的花。

我还是更喜欢野生的杜鹃花。春天，我们去爬山时，杜鹃花正开放。那漫山鲜妍，像彩霞绕林，难怪人们这么喜欢它！那么杜鹃花是哪些城市的市花呢？

赏读杜鹃花

杜鹃花又名映山红、山石榴等，一般在春季开花，每簇有花2~6朵，花冠呈漏斗形，花色繁多，绚烂多姿。

康菁画

四月的清风微微拂过，落在杜鹃花的树梢上。在这温暖的春风里，杜鹃花终于羞答答地把她的花瓣渐渐展开……

杜鹃花的花瓣有乳白色、青绿色、焦红色、粉红色等，构成了春天里最美丽的图画。远远看去，簇簇杜鹃花如团团熊熊燃烧的火焰，热烈开放。近看才发现，她竟如此美丽动人，像一朵朵粉色的小喇叭似的，又像一个害羞的姑娘。

在我国，杜鹃花是一种代表吉祥美好的花卉，每到节日和喜庆时，人们常用它来装饰公共场所，表达颂扬祖国繁荣昌盛之意；还可以把杜鹃花赠送给国际友人，寓意我国文化悠久、文明昌盛，并祝愿大家友谊长存；把杜鹃花赠送给海外同胞，寓意祖国亲人对海外赤子的关心和思念；向朋友赠送杜鹃花，是为了祝福朋友前程万里；远游的人们互赠杜鹃花，表达的则是思乡、怀乡之情。

杜鹃花是我国浙江省嘉兴市、湖南省永州市等城市的市花。这些城市每年春天还会举行一系列的赏花活动呢！

请大家动手制作一张关于杜鹃花的记录卡，并用"五觉"观察法、体验法填写吧！

传统文化

【经典诗词】

　　蜀国曾闻子规鸟，宣城还见杜鹃花。

　　一叫一回肠一断，三春三月忆三巴。

　　　　　　　　　　——［唐］李白《宣城见杜鹃花》

　　泣露啼红作么生，开时偏值杜鹃声。

　　杜鹃口血能多少，不是征人泪滴成。

　　　　　　　　　　——［宋］杨万里《晓行道旁杜鹃花》

【美丽传说】

望帝啼鹃

　　相传，古蜀国有一位国王，名叫杜宇，号望帝。他心怀百姓，常常关心百姓的生活。根据时令，他还常常传授百姓种植农作物的好方法。百姓在他的带领下勤勤恳恳地劳作，风调雨顺之年，家家户户五谷丰登，都过上了安居乐业的生活。后来，望帝积劳成疾，撒手而去。百姓们习惯依赖望帝，过惯了无忧无虑的富裕生活，渐渐地懒惰起来。

　　再到春播时节，望帝的灵魂化为一只小鸟，穿梭在山野间，发出声声啼鸣："布谷，布谷。"小鸟日夜不停地飞行，撕心裂肺地啼叫，以致嘴里鲜血直流。滴滴鲜血洒落在山野田间，化成一朵朵红艳的花朵。百姓们被感动了，他们听见这种声音，都说："这是我们的望帝啊！"于是相互提醒，"是时候了，快播种吧，快插秧吧。"

从那以后，大家重新振作起来，更加辛勤劳作，都过上了丰衣足食的幸福生活。为了纪念望帝，他们把那小鸟叫作杜鹃鸟，把那鲜血化成的花叫作杜鹃花。

【宝贵价值】

杜鹃花枝繁叶茂，绮丽多姿，总给人以热闹而喧腾的感觉，因此人们十分喜爱观赏杜鹃花。另外，据《中药大辞典》介绍，杜鹃花味甘、酸，性平。具有和血、止咳、祛风湿、解疮毒等功效。主治叶血、咳嗽、风湿痹痛、头癣等疾病。

读写杜鹃花

【品读佳作】

杜鹃花开

黄悦琳

"花中此物似西施，芙蓉芍药皆嫫母。"话说杜鹃花，那可真是美如西子胜三分啊！正值春季，杜鹃花开得正艳，那一株株花团锦簇，好比熊熊燃烧的火焰。

杜鹃花与松柏为邻，寒梅为友，虽没有松柏的苍劲，寒梅的坚韧，但是她那鲜艳夺目的颜色象征着革命的胜利！白色如雪的纯真，殷红如火的热烈，粉红如霞的浪漫，深浅不一，可谓是"淡妆浓抹总相宜"。

微风吹拂，杜鹃花如同娇嫩的小精灵，摇曳着粉扑扑的脸蛋，风姿卓然。伴随微风，倚着月亮，它从枝头翩翩落下，在空中旋转着，好像在跳一曲华尔兹。白光一闪，激起一片水波，杜鹃花瓣漂浮在水面上，随着微风，朝着远方流去。走在空旷的山野中，空气中弥漫着清甜的花香。那清香跨过了连绵起伏的群山，越过了星辰大海，在我的心头永久留存。

我总忘不了，家乡的杜鹃花，那一簇簇，一团团，簇拥在一起，散发出沁人心脾的芬芳。我走近一朵杜鹃花，她绽放得那样灿烂！我小心翼翼地抚摸薄如蝉翼的花瓣，她是那样柔滑，那样细腻；细细的叶柄上布满了细小的白色茸毛，并不扎手，反而很舒服。

每年五月，是杜鹃花开得最灿烂的时节。家乡的杜鹃花茶是令我最难以忘怀的。一杯淡淡的杜鹃花茶，加上两勺蜂蜜，轻抿一口，一股清甜流入口中，暖暖的，甜甜的，有时不加蜂蜜，加两棵薄荷草，放入冰箱冻几分钟，再取出来，清凉爽口，暑意就都消退了。

家乡的杜鹃花又开了……

指导老师：马金香

【我写杜鹃花】

请用简短的语段，写一写你心中的杜鹃花吧。

白兰花

 你来猜一猜

老师，我读到一首诗，其中有两句是："晨夕目赏白玉兰，暮年老区乃春时。"我不太明白，您能给我讲解一下吗？

这首诗是赞美白兰花的。诗中的"区"同"妪"，是老妇人的意思。尽管是老妇人，如果能够每天闻到白兰花那芬芳的气味，都能让人永远保持年轻的状态，可见白兰花从古至今都为人所赞颂，所喜爱。

 我知道白兰花，它的花洁白清香，在夏秋间开放，花期长，叶色浓绿，是著名的庭园观赏树，多被栽为行道树。

把白兰花栽为行道树的多是在我国福建、广东、广西、云南等省区；而长江流域各省区则多是盆栽，需要在温室过冬了。

 你们都是聪明的小朋友，懂得真不少呢！现在就请你们猜一猜，白兰花是我国哪些城市的市花呢？

赏读白兰花

白兰花树是常绿乔木，高有10～20米。而在比较冷的地方，它会呈灌木状，高度只有1～2米。白兰花的叶子是长椭圆形或披针状椭圆形，花是白色的，清香，单生于叶腋，花被片10～12片，披针形。花期在4月到9月，夏季盛开，少见结果。白兰花喜欢温暖湿润、光照充足的环境。

晏语涵画

它耐热，不耐寒，适宜生长的温度是20～30℃。

如果想盆栽白兰花，就要选择疏松、透气性强、排水良好、含腐殖质较丰富的微酸性土壤。通常选用透气性好的瓦盆、紫砂盆（缸）或用底孔较多的塑料盆。盆内最好能有一定量的大小不等的颗粒状土壤，以增加渗水透气性。花盆或缸要放置在向阳通风处，每天保证6小时以上的日照才能生长良好，光照不足就会徒长枝叶，少开花甚至不开花。而在盛夏，则需要稍加庇荫，以免烈日灼伤叶片及嫩茎。

花白如雪，花香胜兰，这就是美丽雅致的白兰花。每当白兰花洁白的花朵悄然绽放时，扑鼻而来的芳香令人心醉，一朵朵白兰花亭亭玉立地站在绿叶中间，楚楚动人，像是被细心呵护着……

它的香气还有特别的功效呢，可以抑制真菌。有一次我被蚊子"大元帅"叮得奇痒难忍，妈妈就让我去洗一个香香澡。我进入洒了白兰花纯露的浴缸中，顿时有一种心旷神怡的感觉。我用白兰花的浴液涂了一下，身上那些"小碉堡"很快被夷为平地，真神奇！

白兰花是云南省昆明市东川区、福建省晋江市、广东省佛山市的市花。

（陈羿豪供稿）

指导老师：黄明惠

快来动手制作一张关于白兰花的记录卡，并用"五觉"观察法、体验法填写吧！

【经典诗词】

怪得独饶脂粉态，木兰曾作女郎来。

——［唐］白居易《戏题木兰花》

轻罗小扇白兰花，纤腰玉带舞天纱。

疑是仙女下凡来，回眸一笑胜星华。

——［唐］武平一《杂曲歌辞·妾薄命》

熏风破晓碧莲苔，花意犹低白玉颜。

——［宋］杨万里《白兰花》

【美丽传说】

白兰花的故事

古时候，在深山老林里，住着三个美丽的姐妹，名字分别叫：红玉兰、白玉兰、黄玉兰。

有一天，她们下山游玩，路过一个村庄，发现这村子竟然如同没有人居住一般静寂，她们觉得很奇怪，这时，前面走来一位老人，她们拉住他询问："老人家，这里发生了什么事啊？"

老人叹口气说："这事还要从秦始皇填海说起，他在填海时误杀了龙王爷最喜爱的龙虾公主，这下子，龙王爷和我们村子就结了仇，他封锁了盐库，我们村子的人吃不上盐，瘟疫横行，死了好多人啊！

讨盐可不是一件容易的事情，三姐妹先问龙王爷讨盐，龙王爷自然没答应，三姐妹想来又想去，想到了看守盐仓的蟹将军。于是，她们在一个月黑风高的晚上，用亲手酿造的花香迷倒了蟹将军，趁机凿穿了盐仓，盐一下子流到海水中，水里有了盐，瘟疫消除，村里人的病好起来了，而三姐妹却被发怒的龙王爷变成了三棵树。

村子里的人想感谢救了他们性命的三姐妹，可是怎么找都找不到她们，只看到三棵挺拔的白玉兰树站立在村口，他们知道这就是三姐妹变成的，于是，人们就把这种树叫作"白兰花"树，用来纪念这三姐妹。

【宝贵价值】

《中药大辞典》记载：白兰花味苦、辛，性微温。具有化湿、行气、止咳的功效。主治胸闷腹胀、中暑、咳嗽等疾病。

读写白兰花

【品读佳作】

白兰花

高依依

纯白如玉花香淡，

朵朵花上笑声扬。

跳起舞来哈哈笑，

泡茶做药她最棒。

指导老师：常媛媛

白兰花

裴歆辰

今天，我和家人来到了中心公园。一进公园大门，白兰花的香气就扑鼻而来，一排排大树上，千千万万朵美丽的白兰花出现在我的眼前。

潘玲珑画

远远看去，那一朵朵白兰花就像一个个小仙女坐在枝头；走近细瞧，每片花瓣都呈长条状，中间的花蕊呈松果状，嫩黄嫩黄的；有一些花瓣还未全展开，整朵花都呈长条状，花蕊就像被花瓣围住了，连头都探不出来；有的还是花骨朵儿，被花萼紧紧地抱着……真是千姿百态，各不相同。

白兰花喜温暖又怕高温，更不耐寒。它在南方很容易生长，在北方却需要精心照料才能开放；而且在南方白兰是高大的树木，在北方却多是盆栽的观赏花卉。

我喜欢白兰花。

指导老师：李小双

【我写白兰花】

请用简短的语段，写一写你心中的白兰花吧。

"树恰人来短，花将雪样年。孤姿妍外净，幽馥暑中寒。"宋代诗人杨万里这样描绘了栀子花。谁能给大家解读一下这首诗的前两句？

"树恰人来短，花将雪样年"是介绍栀子花的外形，它长得和人差不多高，花像雪花一样洁白，花形也和雪花一样是六瓣的。

你说得很好。那么谁再来解读一下这首诗的后两句呢？

后两句是描写栀子花的姿容和香气。"孤姿妍外净，幽馥暑中寒"意思是栀子花的姿态艳美而素净雅致，浓郁的香气使人在炎暑中感觉到凉意。

是啊，栀子花洁白无瑕，芬芳素雅，颇受众人喜爱。你们知道栀子花是哪些城市的市花吗？

赏读栀子花

栀子是常绿灌木，枝繁叶茂，四季常青，花朵芳香，是重要的庭园观赏植物。栀子花喜欢光照充足且通风良好的环境，但不能被强光暴晒。栀子适合用疏松肥沃、排水良好的酸性土壤种植。

何愫琳画

我家就种着几株栀子花。清晨，我在院子里打扫，忽然一股沁人心脾的香味扑鼻而来，我顿时感觉神清气爽，兴奋地说："真好闻！真香啊！"外婆笑眯眯地指着那几株一米多高开着几朵白花的植物说："看，栀子花开了！"我迫不及待地跑过去看。

栀子花的叶子翠绿翠绿的，层层叠叠，阳光洒在叶片上，这些叶子就像一个个跳动的金色音符。枝叶间藏着许多碧绿的花骨朵儿，花瓣紧密地拥抱在一起，悄悄地等待绽放的日子；有的花苞鼓鼓囊囊，花苞尖上刚露出嫩白的花瓣，含苞欲放，像羞答答的小姑娘；有的花瓣全展开了，洁白无瑕的花瓣旋转缠绕，一层挨着一层，极尽绚烂。几颗晶莹剔透的露珠浸润着花香，是那样清新脱俗。清风拂来，栀子花随风摇曳，宛如仙子翩翩起舞。我摸了摸花瓣，滑滑嫩嫩的，像婴儿的皮肤，又似上好的绸缎。轻轻地掰开花瓣，淡黄色的花蕊悄悄地探出头来，真是娇嫩可爱。

乡下蚊虫多，晚上，外婆便把栀子花摘下来，串成花串儿挂在我们的蚊帐里，蚊帐里瞬间散发着栀子花的甜香。不一会儿，我和弟弟的梦都是香甜香甜的了。

　　栀子花还可以用来做成美食：把栀子花和鸡蛋搅拌，煎栀子蛋花，清香脆嫩；把栀子花和小竹笋、腊肉一同做菜，健脾开胃、清热利肠；把栀子花和猪瘦肉、榨菜丝一起做汤，鲜香清爽、养胃补中……此外，栀子花可以凉拌、泡茶、腌制蜜饯等。

　　这样好看又有用的栀子花深受大家喜爱。湖南省岳阳市将栀子花作为市花。

（李悦天供稿）

指导老师：唐茜

　　现在就请你动手制作一张关于栀子花的记录卡，并用"五觉"观察法、体验法填写吧！

【经典诗词】

　　栀子比众木，人间诚未多。
　　于身色有用，与道气相和。

——［唐］杜甫《栀子》

　　庭前栀子树，四畔有桠枝。
　　未结黄金子，先开白玉花。

——［宋］蒋堂《栀子花》

【美丽传说】

失传的红栀子花

　　关于栀子花的颜色，现在一致认为栀子只是白色花，开败后变为黄色，但是在历史上曾有栀子开红色花的记载，而且应该是比较常见，并非几株。

《广群芳谱》里有"蜀孟昶（蜀后主）十月宴芳林园，赏红栀子花"的记载，据此可知从三国到五代时应该有红栀子花。相传，蜀后主孟昶喜欢收集奇花异草。一天，青城山上的申天师求见，进献了两株红色栀子花。孟昶很高兴，重赏了申天师。孟昶让园丁将红栀子花种在御花园中，后来长大成树，开出红色的栀子花，并且香气袭人。

据传陆游的《红栀子华赋》中有"六出其英，以为蘑葡则色丹"的句子，说明在宋朝应该有红栀子花，只不过此时红栀子已经非常稀少了。

【宝贵价值】

《中药大辞典》记载：栀子花味苦，性寒（《滇南本草》）。具有清肺止咳、凉血止血的功效。主治肺热咳嗽、鼻衄等疾病。

读写栀子花

【品读佳作】

栀子花香

周源晞

我的家乡在美丽的湘滨镇，每到初夏，整个村庄的空气里都弥漫着栀子花的清香。

山坡上，菜园里，一朵朵洁白如玉的花儿点缀在翠绿的枝头，显得格外美丽动人。走近观赏，我发现一朵朵栀子花层层叠叠，花瓣似卵形，触感细腻，肥肥厚厚的，柔韧如丝缎。摘下一朵栀子花扫过脸颊，感觉轻轻柔柔的，好似婴儿在抚摸。

每到这个季节，人们总会在树下寻觅几朵含苞待放的栀子花，折下来，插在家中的花瓶里。它们挨挨挤挤，竞相绽放，好不热闹。用不了一天，房间的每一个角落都弥漫着栀子花的香味儿。

妈妈告诉我，佩戴和瓶插栀子花的习俗在我们湖南由来已久。两千多年前，人们就通过佩戴和瓶插栀子花等方式和包粽子、划龙舟等活动纪念伟大的爱国诗人屈原。栀子花象征着屈原孤芳脱俗的高洁品质。

诗圣杜甫也曾给予栀子花很高的评价："栀子比众木，人间诚未多。于身色有用，与道气伤和。红取风霜实，青看雨露柯。无情移得汝，贵在映江波。"在我的家乡，栀子花不仅是一种观赏花卉，还可以食用，如凉拌栀子花、栀子花茶、栀子花鲜汤等。另外，栀子花的根、叶、果实均可入药，有清热解毒的功效。

栀子花开，香醉湘滨，欢迎您来我的家乡做客！

指导老师：戴小雷

【我写栀子花】

请用简短的语段，写一写你心中的栀子花吧。

 兰花

 你来猜一猜

 有一首很好听的歌，叫作《兰花草》，谁能给大家唱一唱呢？

老师，我会唱！"我从山中来，带着兰花草，种在小园中，希望花开早。一日看三回，看得花时过。兰花却依然，苞也无一个……"

 呵呵，你忘词了吗？后面是：转眼秋天到，移兰入暖房。朝朝频顾惜，夜夜不能忘。但愿花开早，能将凤愿偿。满庭花簇簇，开得许多香。

你们唱得都很好。兰花在我国有两千多年的栽培历史，据载早在春秋末期，越王勾践就在浙江绍兴的诸山种兰。魏晋以后，兰花已用于点缀庭园。你们猜一猜，历史悠久的兰花会是哪些城市的市花呢？

赏读兰花

兰花是兰科植物的泛称，一般指兰属的植物，如春兰、建兰、惠兰、寒兰和墨兰等，即通常所指的"中国兰"。

叶紫涵画

兰花喜欢生长在林下荫凉而排水良好的地方。叶多半青翠挺拔，带形或剑形，聚生于缩短的假鳞茎上。花朵结构奇特，左右对称，外层有三枚萼片，第二层是三枚花瓣，花瓣特化为唇瓣。

兰花有着俊秀的花姿，非凡的气质，特殊的神韵，奇特的幽香和高尚的品格，被人视作高雅、纯洁和坚贞的象征。它是中国十大名花之一，与"梅、竹、菊"，合称"四君子"，和菊花、水仙、菖蒲被称作"花中四雅"。

兰花香气醇正，观赏价值高，可泡茶和制作成各种香料和香精，可作为菜肴的辅料，还具有药用价值。

将兰花作为市花的城市有浙江省绍兴市、贵州省贵阳市、福建省龙岩市、云南省保山市、山东省曲阜市、广东省汕头市等。这些城市选兰花为市花，自然是与它们悠久的兰花栽培历史、丰厚的兰文化底蕴有关。

现在就请你动手制作一张关于兰花的记录卡，并用"五觉"观察法、体验法填写吧！

【经典诗词】

春兰如美人，不采羞自献。

——［宋］苏轼《题杨次公春兰》

兰生幽谷无人识，客种东轩遗我香。

——［宋］苏辙《种兰》

兰草已成行，山中意味长。

——［清］郑燮《题画兰》

【美丽传说】

兰花花神——屈原

中国古代伟大的爱国诗人屈原的品格如兰花般高洁忠贞，被尊为兰花花神。

传说，楚怀王年间，屈原遭陷害被罢官，于是回乡在仙女山办学堂。有一天，仙女山的兰花娘娘路过，听到屈原正讲述振兴楚国的道理，振奋昂扬。兰花娘娘深受感动，便施展法术将窗边的三株兰花点化成精。

屈大夫讲课常舍己忘我。有一次，他抱病讲述着奸臣当道、百姓受苦的情形，一时愤慨不已，口吐鲜血。鲜血溅落在窗外兰花的根部，而得到屈大夫心血滋养的三株兰花第二天竟长成了几十株。

闻着兰花的清香，屈大夫的病情渐渐好转，大家都说兰花一定有灵性，便把兰花分种到学堂周围。这些兰花很快就生根发芽，舒枝展叶，到第四天就神奇地绽开花蕾，第五天全部长出新的根茎。

屈原和学生们将兰花移植到山上、溪边，兰花铺展蔓延，香气萦绕山谷。乡亲们便把这山乡叫作芝兰乡。兰花越来越茂盛，从三畹长到九畹，花香飘满归州，乡亲们便把这条清溪叫作九畹溪。

后来，一心报国的屈大夫还是出山了。

那年五月，九畹溪边原本无比茂盛的兰花，忽然全部凋零。噩耗传来，屈大夫在兰花枯萎那天含冤投汨罗江，以死明志，乡亲们听到这个消息后都悲痛万分。

后来，乡亲们在屈大夫的学堂里广植兰草，并把学堂改建为芝兰庙，以此来纪念屈原。

【宝贵价值】

《中药大辞典》记载：兰花味辛、性平。花有调气和中、止咳、明目的功效。主治胸闷、腹泻、久咳、青盲内障等。

读写兰花

【品读佳作】

唯有兰花香正好

赵一方

我和妈妈逛花市，捧回一盆兰花。

大家都知道，梅、兰、竹、菊是"花中四君子"。回到家中，我细细端详这"君子"，只见它叶幅宽而叶尖钝，叶缘光滑。叶子颜色浓绿，富有光泽，散发着勃勃生机。有些叶子呈弓形，曲线优美，柔中带刚。这姿态，颇有"君子之风"。妈妈说，这是春兰宋梅，深得乾隆皇帝喜爱。它虽有"春兰之王"的美誉，高贵典雅，但生性强健，非常容易栽种。听了妈妈的话，我对这株兰花也心生喜爱。

有一天放学，一进家门，一股馨香飘然而至，沁人心脾。我不由得深吸一口气，陶醉地闭上了眼睛。妈妈见状忍俊不禁："快去看看，宋梅开花了！"我赶紧跑过去，只见一丛碧绿中伸出几枝细细高高的茎，顶着点点嫩绿，格外俏丽灵动。花瓣晶莹透亮，犹如翠玉一般。在这深深浅浅、相互交映的绿色中，丝丝缕缕的幽香似有若无，真如诗中所言——着意闻时无处觅，传香却在无心时。

我忽然觉得我们的杨老师就是一株兰花，亭亭玉立，面带微笑，似清风拂面般温柔。她常常用自己的言行影响我们：热爱阅读，好好学习；关爱他人，积极向上。尽管我们即将小学毕业，但杨老师的教诲仍会伴随着我们成长，就像兰花的幽香留存心底。

妈妈见我看得出神，告诉我宋梅不仅风姿绰约，还有一定的药用价值。它可以治久咳，治腹泻，调气和中等。怪不得都说宋梅是具有奉献精神的"人格花"。

妈妈的一番介绍，使我更觉得杨老师像极了宋梅。她兢兢业业、无私忘我地工作，就是一朵绽放的"人格花"。

春深夏浅之际，百花争艳。而我，独爱兰花。唯有兰花香正好！

指导老师：杨玉秋

【我写兰花】

请用简短的语段，写一写你心中的兰花吧。

 今天我们来讲一讲杏花。谁能背出《声律启蒙·一东》中的内容？

我能！"云对雨，雪对风，晚照对晴空。来鸿对去燕，宿鸟对鸣虫。三尺剑，六钧弓，岭北对江东。人间清暑殿，天上广寒宫。"老师，这里面怎么没有杏花呢？

 你还没背完呢。"两岸晓烟杨柳绿，一园春雨杏花红。两鬓风霜，途次早行之客；一蓑烟雨，溪边晚钓之翁。"杏花不就在后面嘛。

是啊，"一园春雨杏花红"，杏花在早春开花，全国各地多有栽培，尤其是华北、西北地区种植较多。请大家猜一猜，杏花是哪座城市的市花呢？

赏读杏花

杏树是古老的花木，在我国已有上千年的栽培历史。杏花又称杏子，也被称为"中医之花"。

刘晓烨画

杏花先开花后长叶，它的花还会变色：花骨朵时艳红；当它半开或全开时，色彩由浓转淡；当它凋谢时，就变成雪白雪白的了，非常神奇。杏花开时，杏花林成为花的海洋，美不胜收。杏花的花语：一是娇羞；二是矜持、含蓄和疑惑；三是幸福和吉祥。

北宋政治家王安石寄情于物，在《北陂杏花》一诗中，写出了杏花高洁、矜持的品性之美："一陂春水绕花身，花影妖娆各占春。纵被春风吹作雪，绝胜南陌碾成尘。"北陂杏花纵使凋零了，尚能在清波中保持素洁，代表的是高洁的品格。在成长的道路上，虽有困难险阻，我们也要像北陂杏花一样，坚守自己的信念与追求，不随波逐流。

宋代诗人叶绍翁在《游园不值》中写道："应怜屐齿印苍苔，小扣柴扉久不开。春色满园关不住，一枝红杏出墙来。"在这首诗中，杏花敢于冲出围墙，向世人展示顽强、蓬勃向上的生命力，告诉人们春天到来的消息。"关"不住的红杏，代表的是一种不畏困难、顽强拼搏、敢为人先的精神。

杏花洁白似雪，香气淡雅，象征着高雅、淡泊、纯洁。同时，"杏"字和"幸"字谐音，也象征着幸福美好的生活。将杏花作为市花的城市是黑龙江省佳木斯市。

现在就请大家动手制作一张关于杏花的记录卡，并用"五觉"观察法、体验法填写吧！

【经典诗词】

屋上春鸠鸣，村边杏花白。

——［唐］王维《春中田园作》

红花初绽雪花繁，重叠高低满小园。

——［唐］温庭筠《杏花》

沾衣欲湿杏花雨，吹面不寒杨柳风。

——［宋］志南《绝句》

【美丽传说】

"探花郎"的故事

在唐代，春天是科举考试的季节。按照习俗，唐代进士及第后会在杏花园里举行探花宴，为的是纪念我们的大教育家——孔子。开宴之前，会让同榜中最年轻俊美的进士去杏园折杏花，这个人就叫"探花郎"。宋代的名臣寇准就是探花郎。当时宋太宗命19岁的寇准带着花走在最前面，引着所有进士游园赏花，这种荣耀是状元和榜眼也享受不到的。

到了宋徽宗时，"探花"一词已经指第三名了。宋徽宗曾对第三名的黄正彦赞赏不已，有诗记载："黄河曾见几番清，未见人间有此荣。千里朱旗迎五马，一门黄榜占三名。魁星昨夜朝金阙，皂盖今朝拥玉京。胜似状元和榜眼，探花皆是弟和兄。"

【宝贵价值】

《中药大辞典》记载：杏花味苦，性温。有活血补虚的功效。主治肢体麻痛、手足逆冷等疾病。

 读写杏花

【品读佳作】

二月花神——杏花

何伟祺

我是十二花神之二月花——杏花。在一阵蒙蒙细雨之后，我在大地妈妈的滋润下，绽放在枝头，装点着生机勃勃的春天和人们美丽的心情。

还没有长出一片叶子，我的花就先开放了。一朵花里有五个相亲相爱的小伙伴，小伙伴们是倒圆卵形的，中间有很多细长的蕊，每根花蕊都戴着顶黄色的小帽子。

有人说我是花中的"变色龙"，不同的形态，有不同的颜色。当我还是花骨朵的时候，穿着艳红色的衣服，非常害羞，需要花萼的守护；当我半开或全开时，换了一件淡粉色

的衣服，非常素雅；当我快要凋谢时，洁白似雪的裙子，与枝头冒出来的绿芽，相映成趣。

我的肌肤摸起来滑滑的，软软的，既像一块丝绸，又像刚剥了壳的鸡蛋。若是把我放到鼻边轻嗅，一股淡淡的香味会沁入心脾。可爱的蜜蜂亦闻香而来，"嗡嗡嗡"的声音，似乎在提醒大家："莫要辜负这大好春光！"风姐姐轻轻地拂过我的脸，我在风中尽情地舒展自己的身子，如飘在空中的红霞。

"一陂春水绕花身，花影妖娆各占春。纵被春风吹作雪，绝胜南陌碾成尘。"这首诗虽是写我的娇媚、高洁，却也是王安石追求高洁的真实写照。这就是多面的我，希望大家喜欢我！

指导老师：林舒娜

瓣瓣杏花闹春色

王馨莹

"红花初绽雪花繁，重叠高低满小园。"让我们打开春天这幅充满生机的画卷，欣赏杏花吧！

天刚蒙蒙亮，大地好像蒙上了一层神秘的面纱，鸟儿歌唱，虫儿鸣叫。在这风和日丽之时，我们走出家门，沿着树林中的一条小道，来到杏花林。只见百亩杏花竞相绽放，美不胜收。

一阵风吹过，吹得树枝沙沙作响，一阵花香扑面而来，使我心旷神怡。走近看，一朵朵美丽的花儿，站在枝丫上，有的是含苞欲放的红色杏花，害羞得像腼腆的新娘，不敢露面；有的是张开了一两片花瓣的粉色杏花，好奇地看着外面的新世界；有的是全部绽开的白色杏花，向众人展示着她美丽的身姿……让我大饱眼福。

我们正徜徉在花海之中，一阵风吹来，片片花瓣飘落下来，我大声地叫着："好美的杏花雨啊！"妈妈慈爱地看着我，笑着说："杏花不仅长得美，而且全身是宝。杏仁可以入药。关于杏花还有一个美丽的传说呢！"听到传说，我安静下来。我们一边走一边听妈妈讲杏花的传说，"这片杏花林，以前叫杏花坞，每年初春……"我听得入了迷，才知道杏花不但有观赏价值，还有药用价值。杏花入口时虽然微苦，但俗话说"良药苦口"，对身体的好处却很多。

杏花娇嫩欲滴，品性高洁，给人一种清新的感觉。我喜欢杏花！春天来了，有机会你也去看看杏花吧！

指导老师：陈法英

【我写杏花】

请用简短的语段，写一写你心中的杏花吧。

百合花

你来猜一猜

你们知道"九九归一，百事合意"是指哪种花？

我知道，是指百合花！

对！百合花是一种既美丽又喜庆的花。关于百合花，你们了解多少呢？

我知道百合花姿态优雅，在微风中就像婀娜多姿的仙女翩翩起舞，所以被称为云裳仙子。

我还知道百合花的品种很多，意义也各不相同。比如白百合象征纯洁、庄严、心心相印；狐尾百合象征尊贵、杰出、欣欣向荣；宫灯百合象征喜洋洋、庆祝、真情……

大家对百合花的了解很多嘛。那么谁知道它是哪些城市的市花呢？

赏读百合花

百合花的品种繁多，至今全球已发现的有 120 多个品种，其中大约有 55 种产于中国。百合花主产于中国的湖南、四川、河南、江苏、浙江等地。我国百合的主要栽培种类有兰州百合、细叶百合、百合、卷丹等。

彭蜜蜜画

林清玄老师曾经写过一篇《心田上的百合花》，为我们展示了不畏嘲笑、坚强自信，最后开遍山野的百合花。百合的自信，百合的执着，百合的坚持都令我们赞叹不已。百合代表着不畏一切嘲笑讥讽、默默无闻、厚积薄发的精神，不管有没有人欣赏，都要努力做最好的自己，实现自己的人生价值。这种自信与执着的精神多么值得我们敬佩啊！

百合花种类繁多，花色艳丽丰富；花形典雅大方，姿态娇艳；花朵洁白无瑕、晶莹雅致、清香怡人。

百合花优雅淡然，高雅纯洁，寓意美好，是花中的"云裳仙子"，也是我国浙江省湖州市、福建省南平市、辽宁省铁岭市等市的市花。

百合花在日常生活中比较常见，也比较容易与其他的花进行区分。我们一起用"五觉"观察法走近百合花吧。

【经典诗词】

> 接叶有多种，开花无异色。
>
> 含露或低垂，从风时偃抑。
>
> 甘菊愧仙方，丛兰谢芳馥。

—— ［南北朝］萧察《咏百合诗》

【美丽传说】

百合花的故事

很久以前，有个国家叫蜀国，它的国君有一百个儿子。他们兄弟和睦，团结友爱。但是，因为一些误会，国君和儿子们吵架了。国君一气之下，把一百个儿子都驱逐了。

蜀国有个邻居叫滇国。滇国想侵占蜀国的土地，听说一百个得力的王子都被赶走了，便马上发兵攻打蜀国。蜀国国君只好亲自上阵。可是他体力不济，威信尽失，以至于节节败退。滇国的军队攻城夺池，而蜀国危在旦夕。此时，远方来了一队人马，他们英勇善战，直奔敌人阵营，把滇国的军队打得落花流水。

原来那正是被驱逐的一百个王子！国君既高兴又惭愧。一位老臣对国君说："俗话说，'家和万事兴'。只有团结才能安邦兴国呀！"王子们也说："我们会和睦相处，齐心帮助父王治理国家。"国君激动得接回王子。王子们回国后，蜀国从此更加强盛了。

过了不久，在王子们当年作战的地方，一种白色的、美丽的花朵到处盛开。人们想到百子合力救国王的故事，就给它取了一个美好的名字——"百合"。

【宝贵价值】

《中药大辞典》记载：百合花味甘、微苦，性微寒，归肝、肺、心经。功用是宁心安神、清热润肺。主治眩晕、心烦、咳嗽痰少、夜寐不安、天疱湿疮等。

 读写百合花

【品读佳作】

外婆家的百合花

周钰薇

初识百合，是在外婆家。外婆家的院子里，百合花可不少，一朵一朵的，沐浴着阳光，一片欣欣向荣的景象。

有时候，我看到外婆把百合晒干，然后装在一个瓶子里，说是要泡水喝。我问外婆这是为什么，外

彭甜甜画

婆说，百合可以治疗咳嗽。天气比较干燥的时候，容易咳嗽，把百合拿出来加适量清水煮一煮，熄火后凉一会儿，再加入一些蜂蜜，喝了对治疗咳嗽很有帮助。外婆说，我们从大城市来，如果咳嗽可以适当喝一点，效果很不错。

我不禁感慨，原来百合不仅长得好看，还有药用价值。于是，我又端详起百合来。

百合有六片花瓣，一般都向外卷曲着，微皱的边更是增添了几分美感，像一个吹奏乐曲的小喇叭。花朵中心有一根细长的红色蕊芯。白色的花瓣边带有一点褐色的斑点，白褐相间，像小仙女漂亮的花裙子。

从此，我开始喜欢和外婆一起泡上一杯百合水，看着白色的百合花在杯子里像个小精灵似的慢慢沉入杯底，细细品尝百合的清甜，享受着百合的馈赠。有时，我会静静地坐在院子里，望着百合出神，看它在风中舞蹈，看它在蝴蝶、蜜蜂的簇拥下微笑，呼吸着它沁人心脾的芳香。

我喜欢百合花，因为它不仅洁白优雅，还有非常宝贵的价值。

我喜欢百合花，因为它默默无闻，无私奉献。我也要学习百合花，默默地散发芬芳，为人们贡献自己的力量。

指导老师：佘鸿翔

【我写百合花】

请用简短的语段，写一写你心中的百合花吧。

附表一　记录卡设计样例

记录卡

学校_____　　班级_____　　姓名_____

日期：_____年_____月_____日

五觉观察体验	观察内容	观察记录	备注
眼睛（视觉）	形状		
	颜色		
耳朵（听觉）	声音		
鼻子（嗅觉）	气味		
嘴巴（味觉）	尝试（需专业指导）		
手或身（触觉）	触摸		

附表二　记录卡填写样例

记录卡

学校 <u>深圳华新小学</u>　　班级 <u>五年级一班</u>　　姓名 <u>向上</u>

日期：<u>2023</u> 年 <u>4</u> 月 <u>20</u> 日

五觉观察体验	观察内容	观察记录	备注
眼睛（视觉）	形状	花朵呈喇叭状，椭圆形的五片花瓣紧紧相依，花蕊很密，这是老英雄吉贝在告诉我们一定要团结一心吗？ 每当春季来临，一朵朵木棉花在树枝上绽放，有的全开了，托起鲜红的花瓣，花瓣一片一片地围在一起，包裹着嫩黄的花蕊，像一个个红红的大喇叭挂满树枝，红硕绚丽；有的花瓣才开了两三片，正露出鲜嫩的小脸频试探着春天的冷暖；还有的仍是花骨朵儿，像一个个褐色的巧克力豆。	
	颜色	花朵像烈火在熊熊燃烧，又像是一束束红色的霞光，照亮我们前行的路。	
耳朵（听觉）	声音	木棉花的花朵离开树干时，既不褪色，也不萎靡，一路盘旋而下，触地时"啪"的一声，很有英雄离世的气势，震撼人心。	
鼻子（嗅觉）	气味	我拾起一朵木棉花，感觉不到花香，再凑近闻一闻，我终于感受到一丝淡淡的清香拂过，似有似无，低调内敛。	
嘴巴（味觉）	尝试（需专业指导）	校长说："木棉树的花和根都是很好的中药材，有清热利湿、凉血解毒的功效。木棉花陈皮粥特别好喝。"	
手或身（触觉）	触摸	这棵树身上长满了"疙瘩"，硬邦邦的，还带着圆锥状的粗刺，我不由得抱怨起来："什么树呀，长得不好看，还扎人！"	